博碩文化

U0077639

邁向**精密工業**之路
AutoCAD
環境規劃與精密公差標註

協助讀者熟悉與建立 AutoCAD 的精密工業標註

以實務環境規劃案例來引導讀者們進入精密工業標註的領域

提供讀者實務與軟體結合的學習管道，讓讀者一步步往機械設計師邁進

附錄作者多年業界實務工作整理的幾何公差值查詢表

張譽璋 著

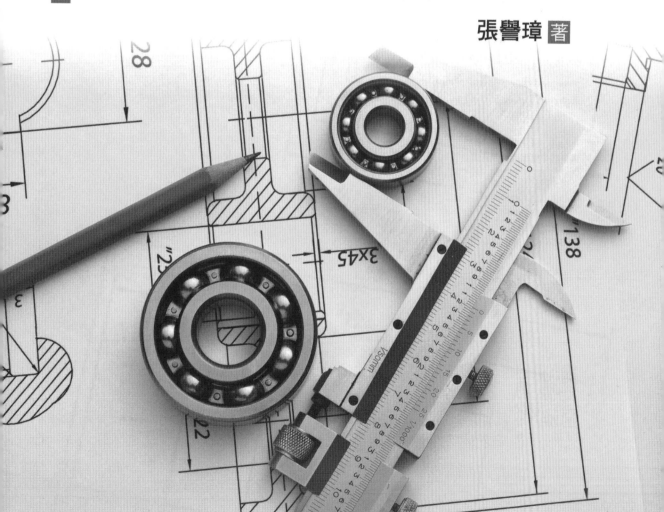

作　　者：張譽璋
審　　校：張譽璋
責任編輯：Lesley

董 事 長：蔡金崑
總 經 理：古成泉
總 編 輯：陳錦輝

出　　版：博碩文化股份有限公司
地　　址：221 新北市汐止區新台五路一段 112 號 10 樓 A 棟
　　　　　電話 (02) 2696-2869 傳真 (02) 2696-2867

郵撥帳號：17484299　　戶名：博碩文化股份有限公司
博碩網站：http://www.drmaster.com.tw
讀者服務信箱：DrService@drmaster.com.tw
讀者服務專線：(02) 2696-2869 分機 216、238
（週一至週五 09:30 ～ 12:00；13:30 ～ 17:00）

版　　次：2017 年 8 月初版一刷
建議零售價：新台幣 550 元
博碩書號：MO21702
Ｉ Ｓ Ｂ Ｎ：978-986-434-238-9（平裝）
律師顧問：鳴權法律事務所 陳曉鳴律師

本書如有破損或裝訂錯誤，請寄回本公司更換

國家圖書館出版品預行編目資料

邁向精密工業之路：AutoCAD環境規劃與精密
公差標註 / 張譽璋著. -- 初版. -- 新北市：博碩
文化, 2017.08
　面；　公分
ISBN 978-986-434-238-9(平裝)

1.AutoCAD(電腦程式) 2.電腦繪圖 3.機械設計
4.電腦輔助設計

446.19029　　　　　　　　　　　106013595

Printed in Taiwan

博 碩 粉 絲 團　歡迎團體訂購，另有優惠，請洽服務專線
　　　　　　　　(02) 2696-2869 分機 216、238

作者序

目前坊間 AutoCAD 環境規劃之書籍相當少，但是大部份是以基礎操作為主要內容。鑑於環境規劃書籍的缺乏，造成長久以來學習 AutoCAD 的讀者都僅止於一般操作，對於機械業如何應用 AutoCAD 繪製標準工程圖和規劃方法卻是相當缺乏。筆者以從事機械設計 25 年及 AutoCAD 教學 22 年的經驗來撰寫本書。希望能給予機械設計工作的讀者，提供如何進行精密工業標註參考的書籍，幫助讀者很快的熟悉與建立 AutoCAD 的精密工業標註。

本書共分為四大單元，以實務環境規劃案例來引導讀者們進入精密工業標註的領域。本書採用 Step by Step 的概念編寫，希望藉此讓讀者了解 AutoCAD 強大的標註能力，以及具備一貫作業的優點。第一單元是以製造業製圖環境規劃為主題，建立可攜帶式嵌入架構概念，引領讀者們快速建立環境規劃之能力。第二、三單元是以樣板及圖框製作的方式為主題，讓讀者熟悉工程圖的標準需求。第四單元是以精密機件公差配合及幾何公差為主軸，使讀者能熟悉各種工程標註的正確標示及標註時的正確方法及選擇。

希望本書能幫助想從事機械設計工作的讀者，用最少的時間熟悉 AutoCAD 的整合應用，提供各位讀者一個實務與軟體結合的學習管道，幫助各位一步步往機械設計師邁進。最後感謝編輯的幫忙，才讓此書得以順利的出版。本書在撰寫過程中，雖力求周延精確，唯恐疏漏仍難免，尚祈不吝指正。

作者　謹識

目 錄　Contents

Appendix　幾何公差值查詢表

PART 1

製造業製圖環境規劃

Section 1
系統資料架構規劃

設計最重要的產出就是標準工程圖，因此本書將引導各位讀者，建立一套 AutoCAD 製圖環境規劃，訂出符合國家標準的工程圖樣板，如此才能讓每張工程圖的標準一致，並且可以提升工作效率，下列為環境規劃之系統資料架構，如圖所示：

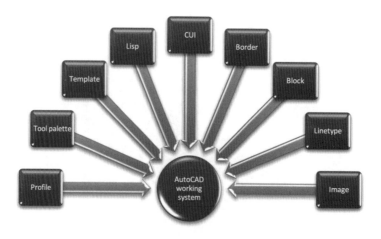

接下來我們將針對每個資料夾用途進行介紹

1-1　Profile 資料夾功能

Profile 資料夾主要使用功能是儲存規劃後所匯出的紀要檔，匯出之紀要檔用於規劃完成後，將其移植至其它電腦的安裝檔，儲存的格式為 arg（紀要檔格式），因為 AutoCAD 每個版本都有專屬的使用者介面檔，所以規劃完成後，每個版本的紀要檔必須個別匯出，資料夾內容如下圖所示。

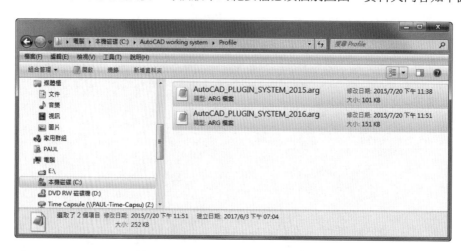

1-2 Tool palette 資料夾

Tool palette 資料夾主要使用功能是儲存工作選項板之安裝檔與按鈕影像檔,安裝檔的格式為 xtp,按鈕影像檔是以資料夾型態,將單一選項板上的按鈕影像檔儲存在料夾中按鈕影像檔會以按鈕大小不同,個別儲存不同大小之按鈕影像檔,資料夾內容如下圖所示。

1-3 Template 資料夾

Template 資料夾主要使用功能是儲存圖面樣板檔,樣板檔的格式為 dwt,樣板檔存放著工程圖面所需要的設定,建議製作時只需製作一個標準樣板檔即可;樣板檔建議儲存成比較舊的版本格式,避免版本相容性差,造成無法使用現象,因為業界使用出圖習慣關係,所以製作成模型空間出圖與配置出圖樣板檔各一檔案,資料夾內容如下圖所示。

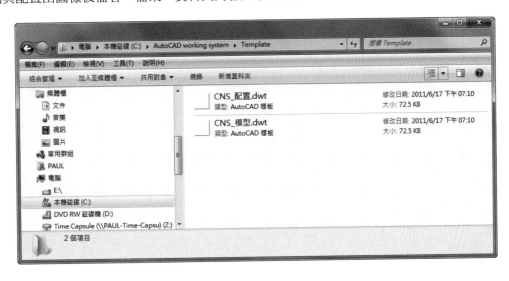

1-4 Lisp 資料夾

Lisp 資料夾主要使用功能是儲存 AutoLisp 程式檔，程式檔的格式為 lsp、fas、dcl、vlx 四種，程式檔存放著網路下載免費分享或自行編寫的 Lisp 程式，程式可以提升繪圖時的效率，提供更標準、更快速的新指令，這部份本書不做介紹，待以後由專書介紹詳細，資料夾內容如下圖所示。

1-5 CUI 資料夾

CUI 資料夾主要使用功能是儲存 CUI 及 CUIX 檔（使用者自定檔），由於 AutoCAD 每一版本的 CUIX 檔是獨立且不能混用，因此必須針對每一個版本個別儲存，本書的做法是將原廠提供的 CUIX 檔備份出來，利用備份檔案進行修改，保留原廠之原始檔使其不影響原本提供之功能，資料夾內容如下圖所示。

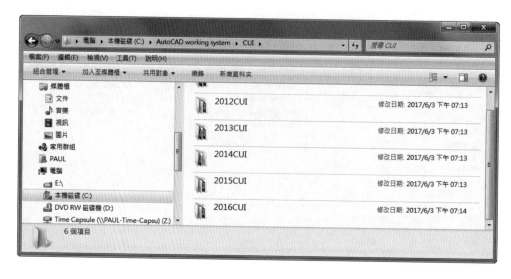

1-6　Border 資料夾

Border 資料夾主要使用功能是儲存標準圖框檔，圖框規格由 A0 ～ A4，圖框設計時每一種規格只需要準備一個 1:1 的圖框檔即可，建議不需要存放各種不同比例之圖框，這樣會增加使用上的不方便性，資料夾內容如下圖所示。

1-7　Block 資料夾

Block 資料夾主要使用功能是儲存圖塊檔，圖塊來源為平時自行繪製或是由零件商提供。另外會儲存工作選項板所使用之圖塊檔，建議可以再進行分類以便管理大量圖塊，這樣可以方便管理、提升圖塊檔維護效率。資料夾內容如下圖所示：

1-8 Linetype 資料夾

Linetype 資料夾主要使用功能是儲存線型檔，線型檔提供樣板標準的線型，主要格式為 lin，線型檔可修改線型之設定參數，使其達到符合國家標準指定之線型，資料夾內容如下圖所示：

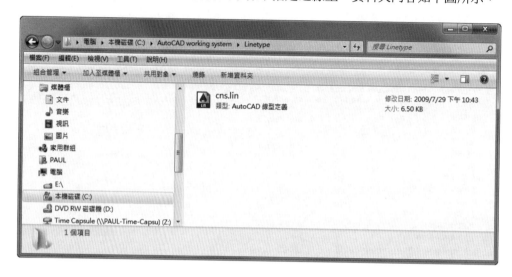

1-9 Image 資料夾

Image 資料夾主要使用功能是儲存 bmp、sld 兩種檔案格式，bmp 檔是工具鈕影像檔，sld 是幻燈片檔，幻燈片檔用於 lisp 程式圖片提示用途，資料夾內容如下圖所示：

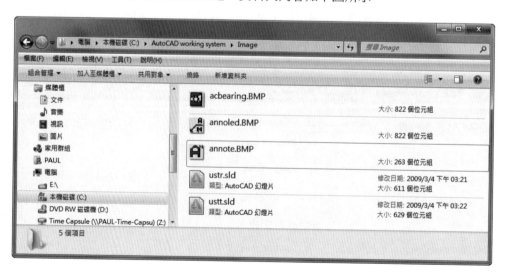

1-10　系統資料夾建立

在進行樣板製作前，我們必須要有系統性的去管理樣板檔以及工作中會使用之圖塊、圖檔及圖框，因此我們先制定一套管理方法，才能快速移植到其它電腦中使用。

STEP 1

開啟檔案總管，在 C 磁碟機中建立一個專用資料夾，請命名為 AutoCAD working system，並在資料夾中再建立如圖所示之資料夾。

STEP 2

請在 CUI 資料夾中，依照 AutoCAD 版本的不同分別建立資料夾。

STEP 3

在每個版本資料夾中，分別建立 Original 與 Customize 資料夾。

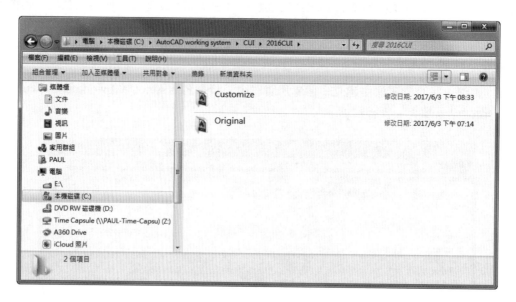

STEP 4

在每個版本的 Original 資料夾，將 AutoCAD 之 acad.cuix 檔複製到資料夾中。

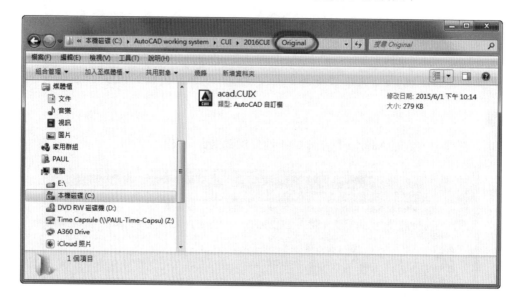

STEP 5

在每個版本的 Original 資料夾，將 AutoCAD 之 acad.cuix 檔複製到資料夾中。

Section 2
建立符合 CNS 規範之線型檔

一張標準工程圖，必須符合國家標準所訂定的規範，CNS 明確規定了幾項常用之線型，欲訂定出符合國家標準之工程圖樣板，必須先將線型調整至符合國家標準的需求，因此線型的格式是非常重要的。線型檔提供了 AutoCAD 讀取標準的線型參數，因此建立標準的線型檔必須從線型程式中去進行參數的調整。

STEP 1

請利用檔案總管，搜尋標準線型檔，名稱為 ACADISO.LIN，並將檔案複製到線型資料夾中，請先將檔名改為 CNS.LIN。

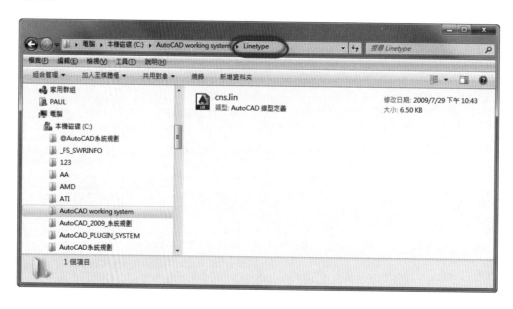

STEP 2

開啟 CNS . LIN 檔案，找到 CENTER 線型程式及 CENTER2，我們將進行線型程式進行修改。

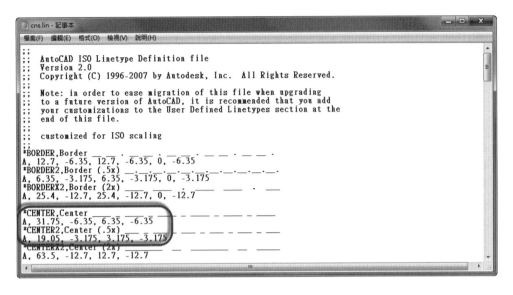

STEP 3

將 CENTER 程式修改為符合 CNS 規範的長度，CNS 規範長度如入下圖所示。

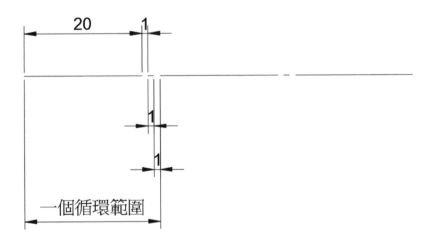

STEP 4

請依照上一步驟之參數設定 CENTER 及 CENTER2 程式之新參數。

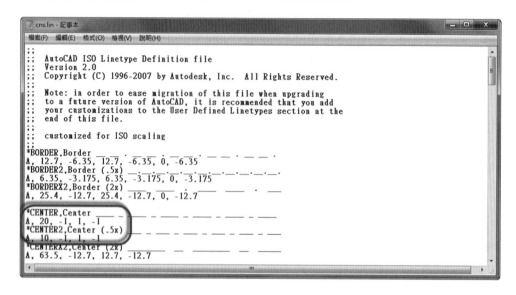

STEP 5

找到 HIDDEN 線型程式及 HIDDEN2，我們將進行線型程式進行修改。

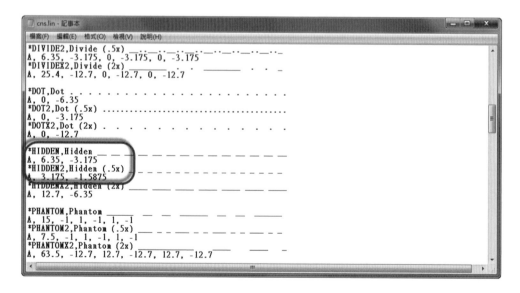

STEP 6

將 HIDDEN 程式修改為符合 CNS 規範的長度，CNS 規範長度如下圖所示。

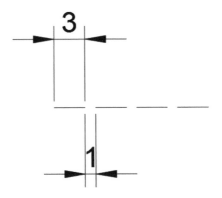

STEP 7

請依照上一步驟之參數設定 HIDDEN 及 HIDDEN2 程式之新參數。

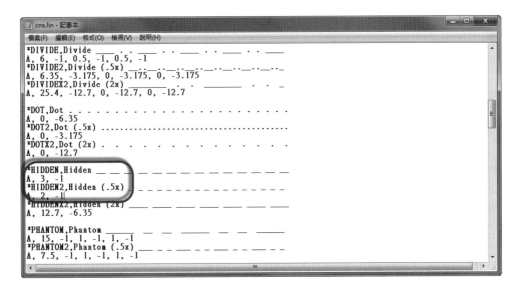

STEP 8

找到 PHANTOM 線型程式及 PHANTOM2，我們將進行線型程式進行修改。

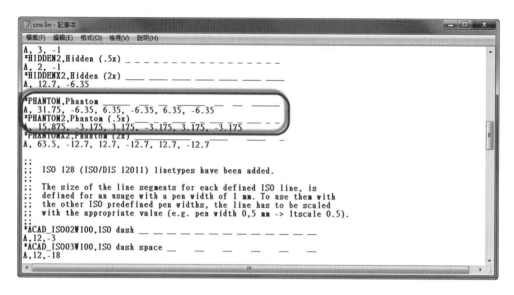

STEP 9

參數設定 PHANTOM 及 PHANTOM2 程式之新參數，設定後請儲存檔案。

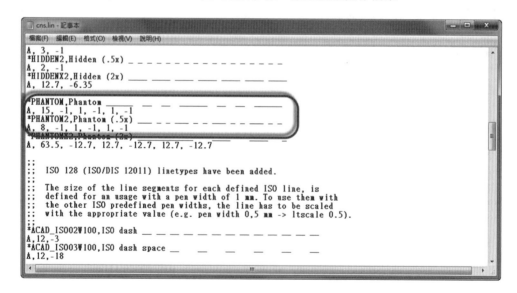

Section 3
樣板圖層設定

國家標準中的圖層訂定，提供了幾種標準圖層用途，圖層的命名建議以英文命名，必須指定適合之線型，圖層中必須設定線粗。本次樣板製作將以國家標準中指定之線粗設定，一般使用的線粗為 0.50mm（粗）、0.35mm（中）、0.18mm（細）。

STEP 1

開啟新圖檔，步驟如圖所示。

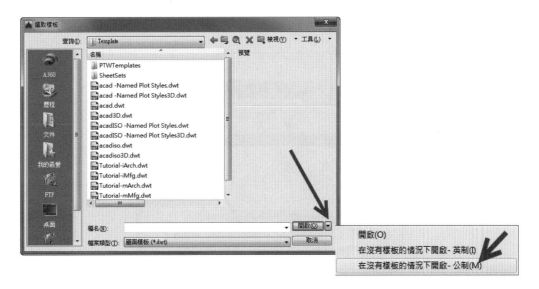

STEP 2

使用 Layer 指令進行圖層設定。

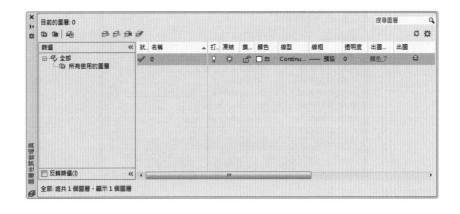

STEP 3

請點選線型名稱進入選取線型對話框中。

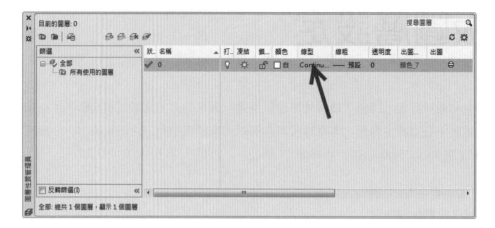

STEP 4

進入選取線型對話框中，點選載入按鈕。

STEP 5

進入載入或新載入線型對話框。

STEP 6

在對話框中選取檔案按鈕。

STEP 7

進入 Linetype 資料夾中，選取 CNS.LIN 線型檔，並在對話框中選取開啟按鈕。

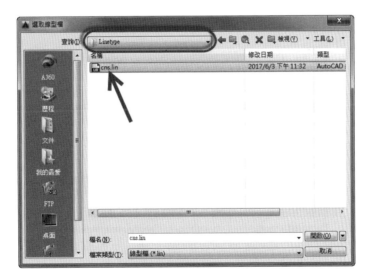

STEP 8

確認線型檔載入路徑。

STEP 9

載入所有線型至選取線型對話框中,再點選確定按鈕。

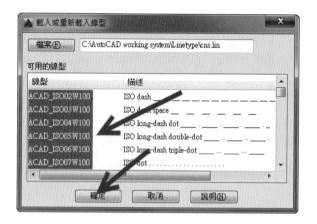

STEP 10

所有線型載入選取線型對話框中。

STEP 11

點選線型載入選取線型對話框中之確定按鈕,退出對話框。

STEP 12

建立新圖層，請依照下列表格內容建立所需之圖層。

圖層名稱	顏色	線型	線粗
VIS	142	CONTINUOUS	0.50 mm
CEN	黃	CENTER	0.18 mm
HID	綠	HIDDEN	0.35 mm
DIM	254	CONTINUOUS	0.18 mm
HAT	紅	CONTINUOUS	0.18 mm
CUT	30	CENTER2	0.50 mm
IMA	131	PHANTOM	0.18 mm
TXT	白	CONTINUOUS	0.18 mm

STEP 13

點選新圖層按鈕，建立一新圖層。

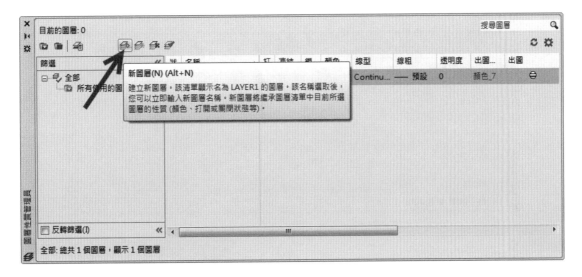

STEP 14

輸入新圖層名稱 VIS。

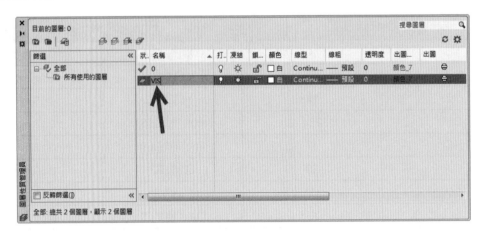

STEP 15

點選顏色欄位中的顏色方塊，設定圖層顏色。

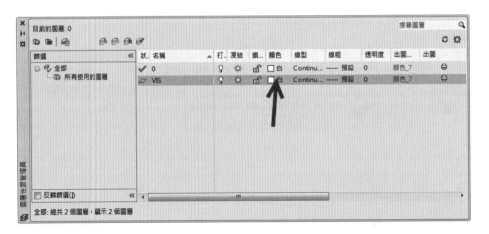

STEP 16

請在選取顏色對話框中，選取索引顏色頁籤，在色盤中
選取 140 號顏色，選擇顏色後按確定按鈕。

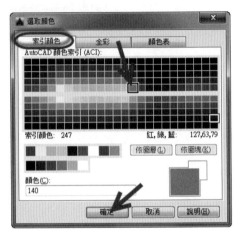

STEP 17

點選線粗欄位中的預設，設定圖層線粗。

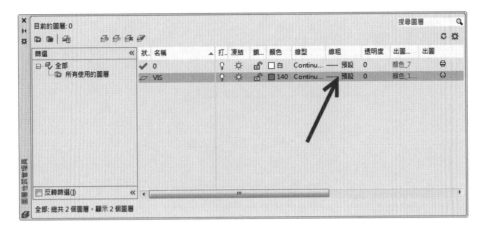

STEP 18

在線粗對話框中，選取 0.5mm 線粗，選取後點選確定按鈕。

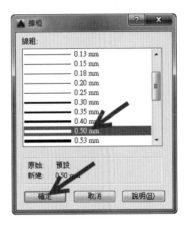

STEP 19

完成 VIS 圖層之設定。

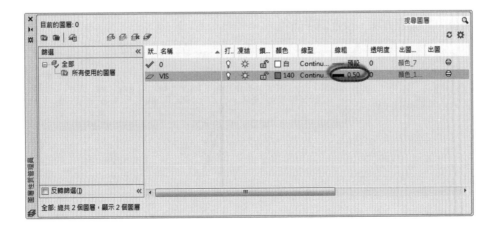

STEP 20

點選新圖層按鈕，建立一新圖層。

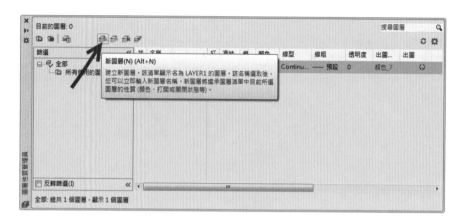

STEP 21

輸入新圖層名稱 CEN。

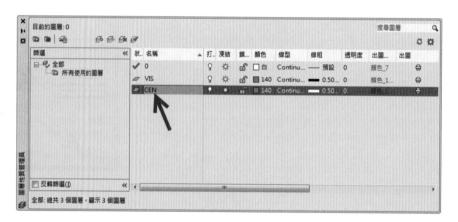

STEP 22

點選顏色欄位中的顏色方塊，設定圖層顏色。

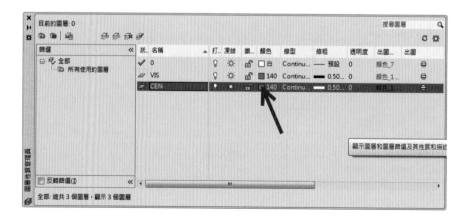

STEP 23

請在選取顏色對話框中，選取索引顏色頁籤，在色盤中選取黃色，選擇顏色後按確定按鈕。

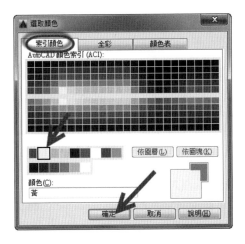

STEP 24

點選線粗欄位中的預設，設定圖層線粗。

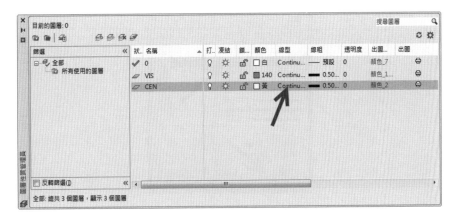

STEP 25

在選取對話框中，選取 CENTER，選取後點選確定按鈕。

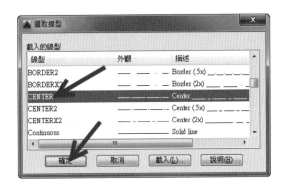

STEP 27

點選線粗欄位中的 0.5mm，設定圖層線粗。

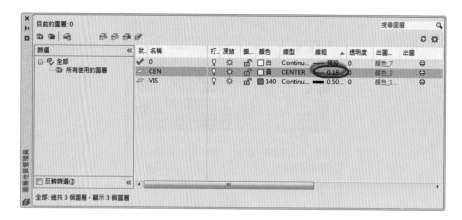

STEP 28

在線粗對話框中，選取 0.5mm 線粗，選取後點選確定按鈕。

STEP 29

完成 CEN 圖層之設定。

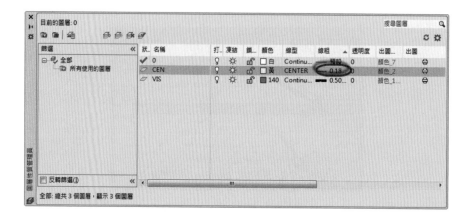

STEP 30

點選新圖層按鈕，建立一新圖層。

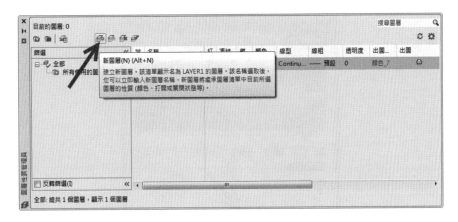

STEP 31

輸入新圖層名稱 HID。

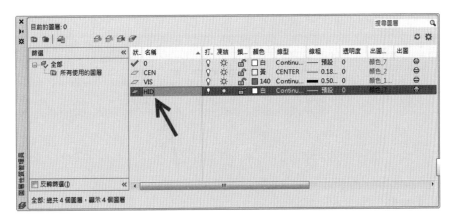

STEP 32

點選顏色欄位中的顏色方塊，設定圖層顏色。

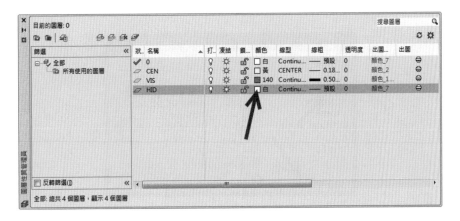

STEP 33

請在選取顏色對話框中，選取索引顏色頁籤，在色盤中選取綠色，選擇顏色後按確定按鈕。

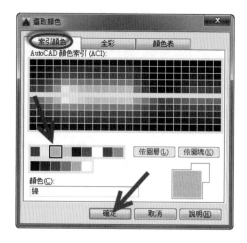

STEP 34

點選線型欄位中的 Continuous，設定圖層線型。

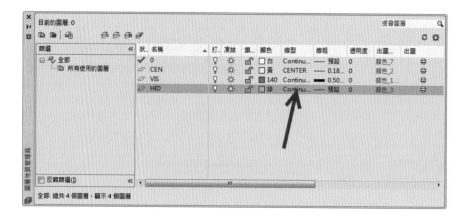

STEP 35

在選取對話框中，選取 HIDDEN，選取後點選確定按鈕。

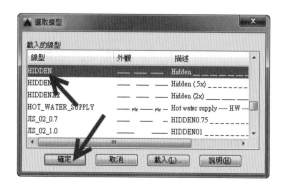

STEP 36

點選線粗欄位中的 0.18mm，設定圖層線粗。

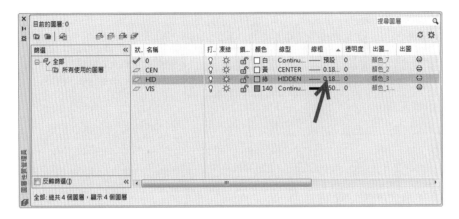

STEP 37

在線粗對話框中，選取 0.35mm 線粗，選取後點選確定按鈕。

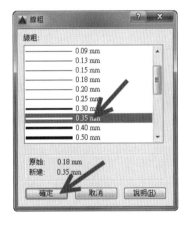

STEP 38

完成 HID 圖層之設定。

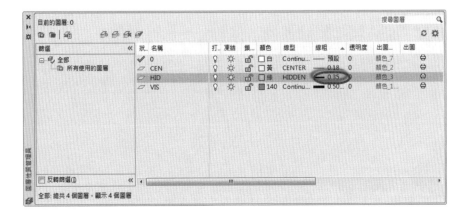

STEP 39

點選新圖層按鈕，建立一新圖層。

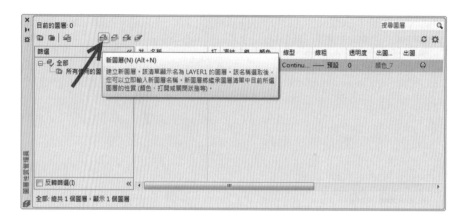

STEP 40

輸入新圖層名稱 DIM。

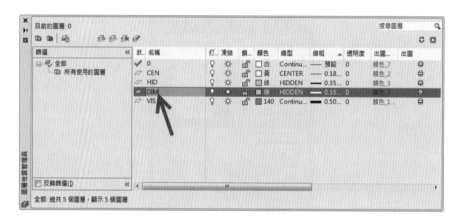

STEP 41

點選顏色欄位中的顏色方塊，設定圖層顏色。

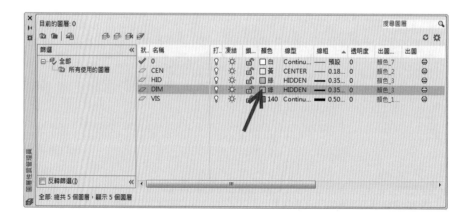

STEP 42

請在選取顏色對話框中，選取索引顏色頁籤，在色盤中選取 253 號顏色，選擇顏色後按確定按鈕。

STEP 43

點選線型欄位中的 HIDDEN，設定圖層線型。

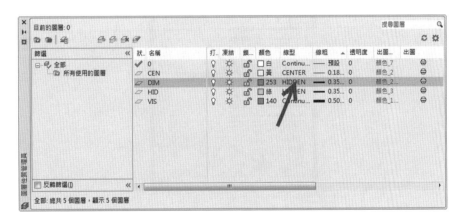

STEP 44

在選取對話框中，選取 Continuous，選取後點選確定按鈕。

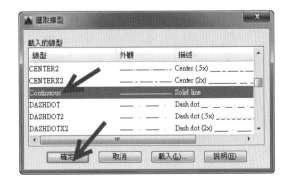

STEP 45

點選線粗欄位中的 0.35mm，設定圖層線粗。

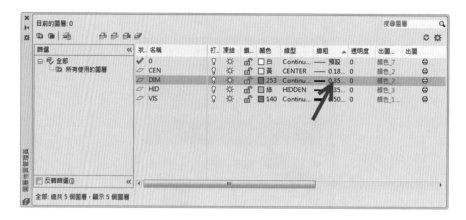

STEP 46

在線粗對話框中，選取 0.18mm 線粗，選取後點選確定按鈕。

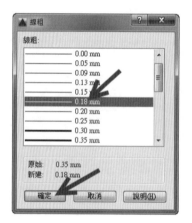

STEP 47

完成 DIM 圖層之設定。

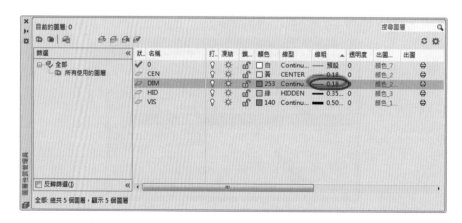

STEP 48

點選新圖層按鈕,建立一新圖層。

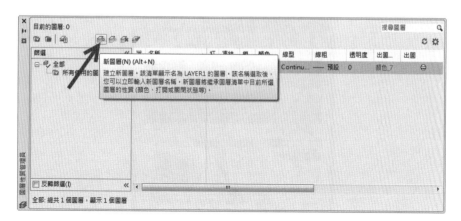

STEP 49

輸入新圖層名稱 HAT。

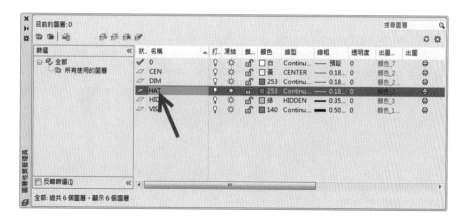

STEP 50

點選顏色欄位中的顏色方塊,設定圖層顏色。

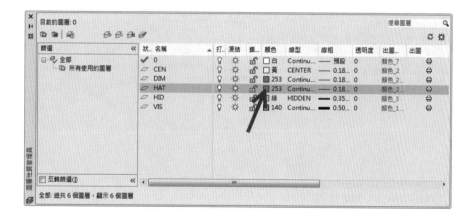

STEP 51

請在選取顏色對話框中，選取索引顏色頁籤，在色盤中選取紅色，選擇顏色後按確定按鈕。

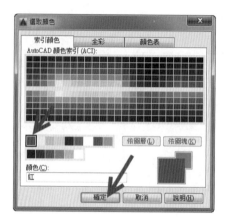

STEP 52

完成 HAT 圖層之設定。

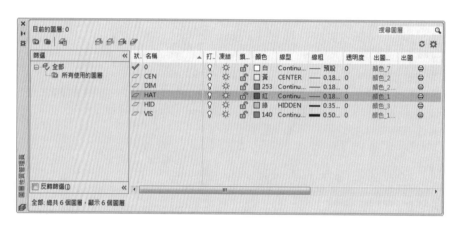

STEP 53

點選新圖層按鈕，建立一新圖層。

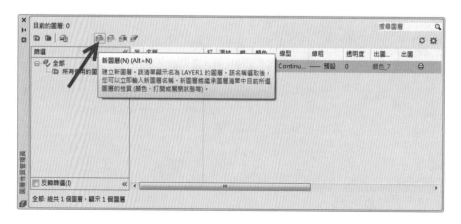

STEP 54

輸入新圖層名稱 CUT。

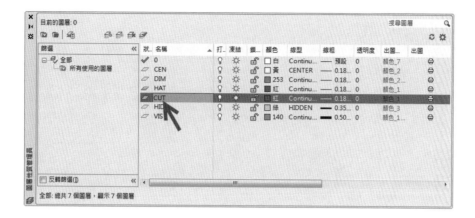

STEP 55

點選顏色欄位中的顏色方塊，設定圖層顏色。

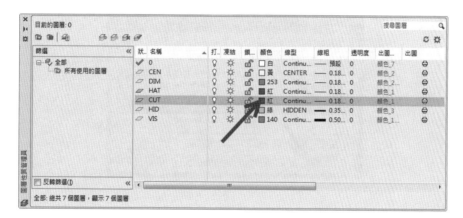

STEP 56

請在選取顏色對話框中，選取索引顏色頁籤，在色盤中選取黃色，選擇顏色後按確定按鈕。

STEP **57**

點選線型欄位中的 Continuous，設定圖層線型。

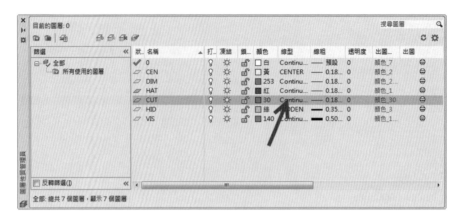

STEP **58**

在選取對話框中，選取 CENTER2，選取後點選確定按鈕。

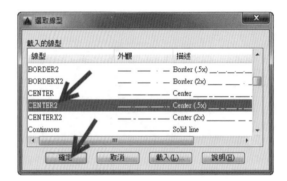

STEP **59**

點選線粗欄位中的 0.18mm，設定圖層線粗。

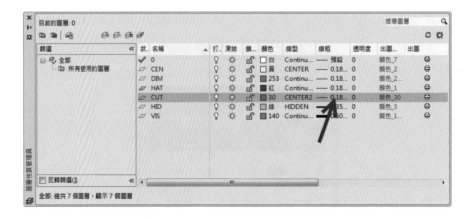

STEP 60

在線粗對話框中，選取 0.50mm 線粗，選取後點選確定按鈕。

STEP 61

完成 CUT 圖層之設定。

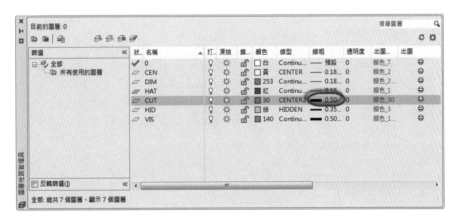

STEP 62

點選新圖層按鈕，建立一新圖層。

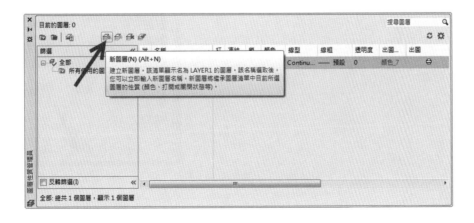

STEP 63

輸入新圖層名稱 IMA。

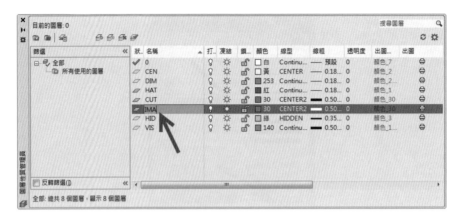

STEP 64

點選顏色欄位中的顏色方塊，設定圖層顏色。

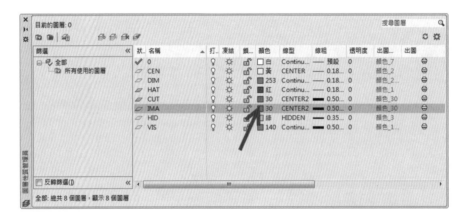

STEP 65

請在選取顏色對話框中，選取索引顏色頁籤，在色盤中
選取 131 號顏色，選擇顏色後按確定按鈕。

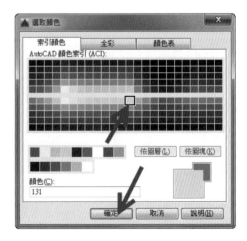

STEP 66

點選線型欄位中的 CENTER2，設定圖層線型。

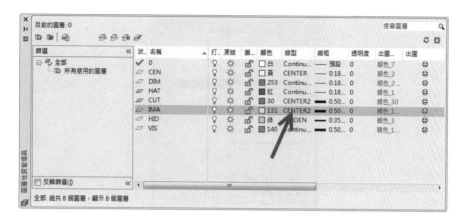

STEP 67

在選取對話框中，選取 PHANTOM，選取後點選確定按鈕。

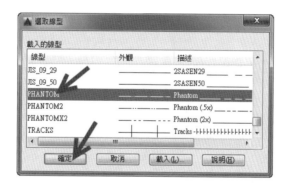

STEP 68

點選線粗欄位中的 0.50mm，設定圖層線粗。

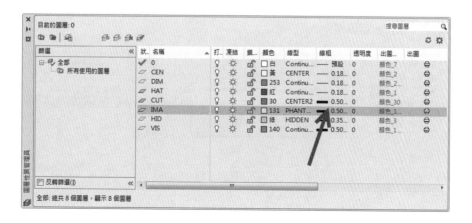

STEP 69

在線粗對話框中，選取 0.18mm 線粗，選取後點選確定按鈕。

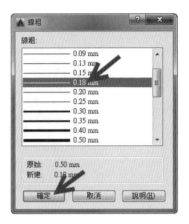

STEP 70

完成 IMA 圖層之設定。

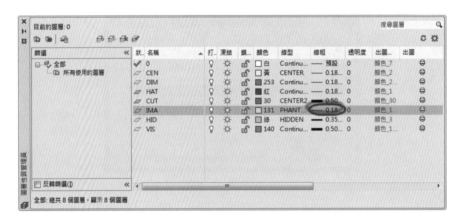

STEP 71

點選新圖層按鈕，建立一新圖層。

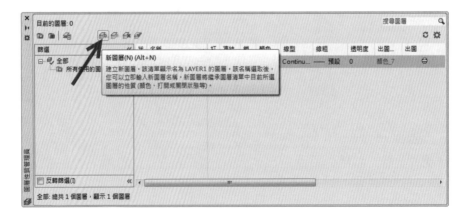

STEP 72

輸入新圖層名稱 TXT。

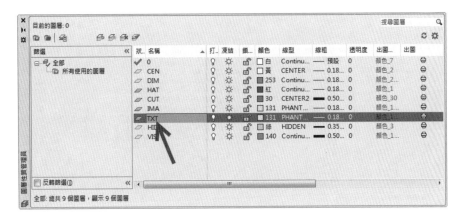

STEP 73

點選顏色欄位中的顏色方塊,設定圖層顏色。

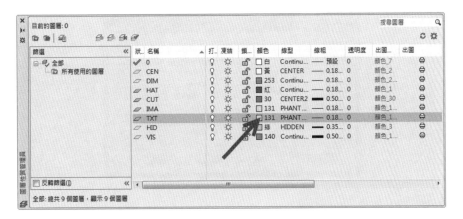

STEP 74

請在選取顏色對話框中,選取索引顏色頁籤,在色盤中
選取 131 號顏色,選擇顏色後按確定按鈕。

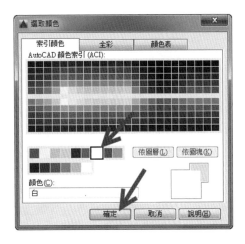

STEP 75

點選線型欄位中的 PHANTOM，設定圖層線型。

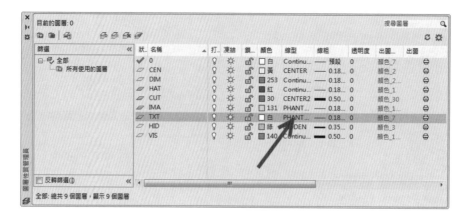

STEP 76

在選取對話框中，選取 Continuous，選取後點選確定按鈕。

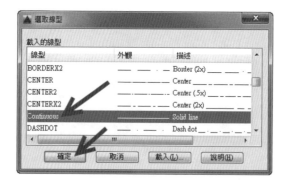

STEP 77

完成 TXT 圖層之設定。

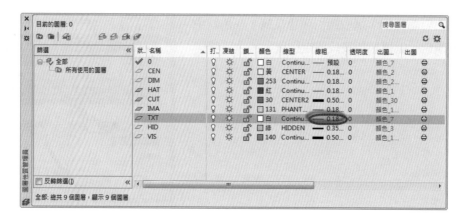

Section 4
樣板字型之建立

樣板中所使用之字型，在 CNS 規範中並沒有明確規定字型，依照使用習慣一般會規劃為單線字體及點陣字體兩種，單線字體一般使用於尺寸、加工註解、表格、圖框標題欄等等，點陣字體同常使用於視圖提示、剖面符號提示，所以建立標準的字型能使圖面標準統一。

STEP 1

使用 Style 指令，進入文字型式，選取 Standard 型式，先核取使用大字體，再選取字體名稱。

STEP 2

SHX 字體項目中請選取 romans.shx，大字體項目中請選取 chineset.shx。

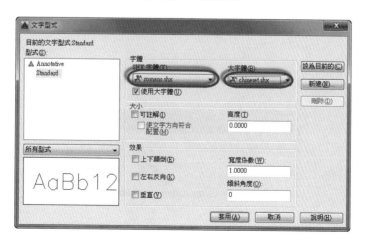

STEP 3

寬度係數設定為 0.8，點選設定為目前的按鈕或點選套用。

STEP 4

請點選新建，建立新型式。

STEP 5

請依照如圖所示，輸入型式名稱 Standard1，請點選確定按鈕。

STEP 6

請依照如圖所示，將文字型式 Standard 之標示部份設定完成，最後點選套用，完成 Standard 型式
設定。

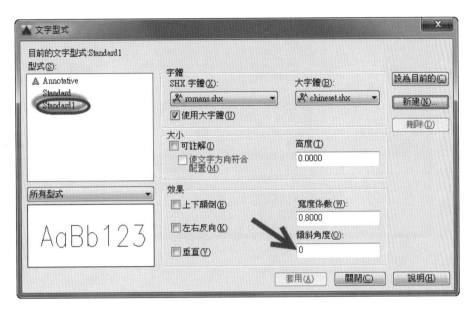

STEP 7

請依照如圖所示，傾斜角度設定為 5，最後點選套用。

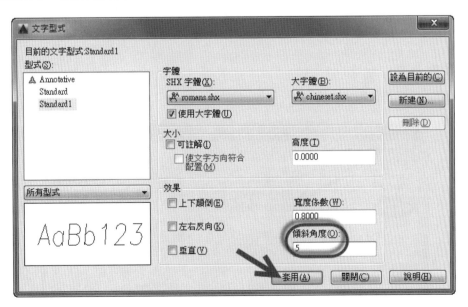

STEP 8

請點選新建，建立新型式。

STEP 9

請依照如圖所示，輸入型式名稱註解，請點選確定按鈕。

STEP 10

請依照如圖所示，取消使用大字體。

STEP 11

請依照如圖所示，重新修改字體名稱定之字體。

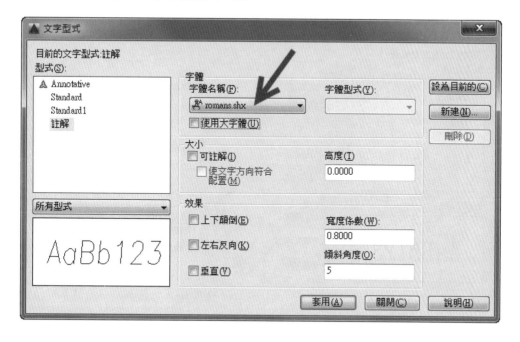

STEP 12

請依照如圖所示，選取標楷體為字體名稱。

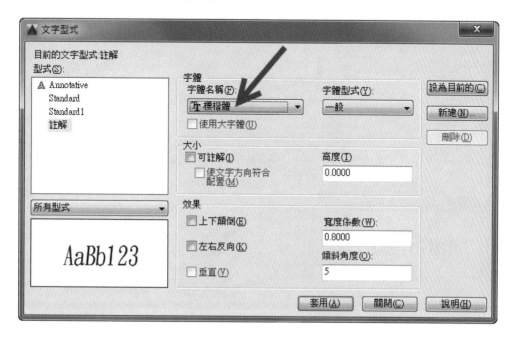

STEP 13

請依照如圖所示，將寬度係數設定為 1。

STEP 14

請依照如圖所示，傾斜角度設定為 0，並按下套用按鈕。

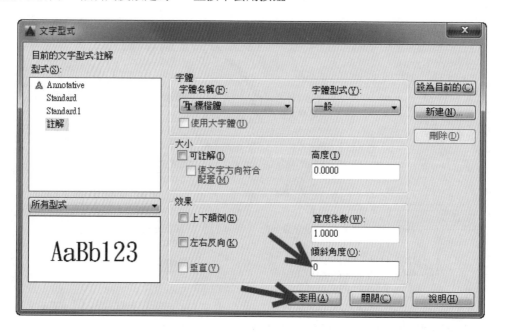

STEP 15

請點選新建，建立新型式。

STEP 16

請依照如圖所示，輸入型式名稱剖面，請點選確定按鈕。

STEP 17

請依照如圖所示，重新修改字體名稱定之字體。

STEP 18

請依照如圖所示，選取 Arial Black 為字體名稱，並點選寬度係數進行修改。

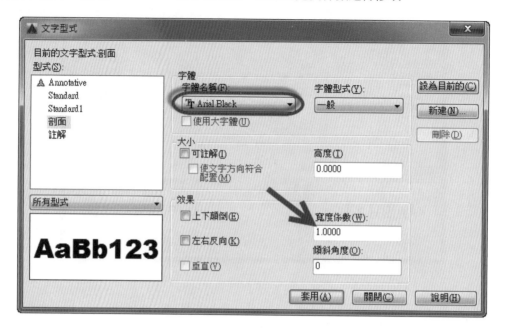

STEP 19

請依照如圖所示，將寬度係數設定為 0.8，完成後點選套用按鈕。

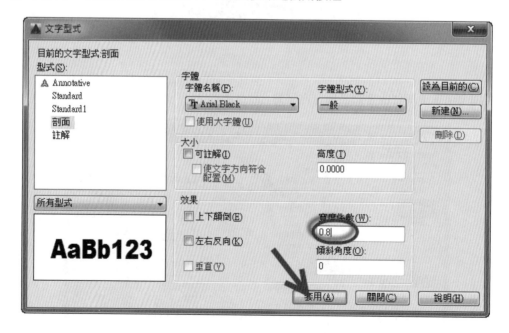

STEP 20

選取型式清單中 Annotative。

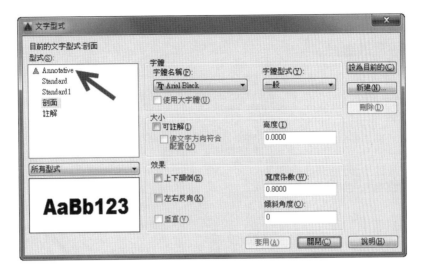

STEP 21

請依照如圖所示，點選確定按鈕，刪除 Annotative 型式。

STEP 22

請選取 Standard 型式，並點選設為目前的。

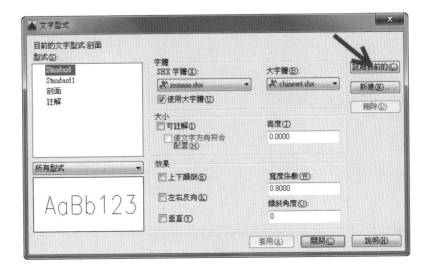

STEP 23

檢查對話框中目前的型式為 Standard，確認後請點選關閉按鈕結束設定。

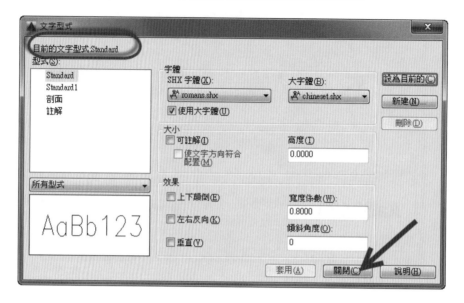

Section 5
樣板表格型式建立

表格在工程圖中使用的非常的頻繁，因此在樣板中可以先預設兩種常用的表格型式，一種為工程數據表、另一種為零件表，表格型式可以與萃取料功能結合，提供繪圖人員更便利快速的設定，提高工作效率及圖面的一致性。

STEP 1

請依照如圖所示，選取 Standard 型式並點選修改按鈕，以便進行設定內容修改。

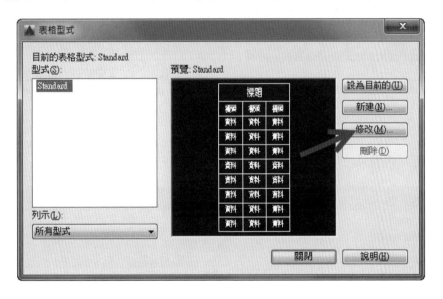

STEP 2

請依照如圖所示，在資料儲存格型式中，點選對其右方清單，進行更改對正模式。

STEP 3

請依照如圖所示，將模式設定為正中。

STEP 4

請依照如圖所示，進行邊界項目中，水平、垂直欄位中的設定值修改。

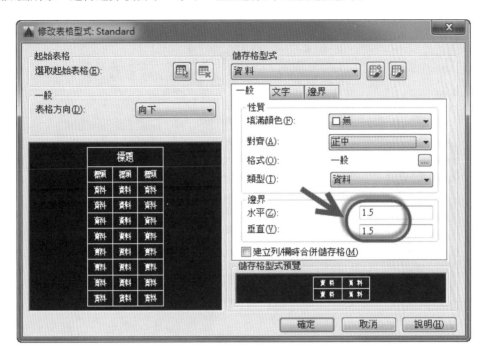

STEP 5

將水平、垂直欄位中的設定值修改為 0.5。

STEP 6

請依照如圖所示，點選文字頁籤，進行數值設定。

STEP 7

在對話框中將文字高度設定為 5。

STEP 8

請依照如圖所示,將儲存格型式切換至標頭。

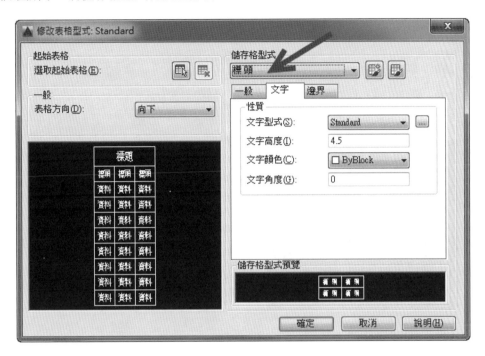

STEP 9

請依照如圖所示,進行邊界項目中,水平、垂直欄位中的設定值修改。

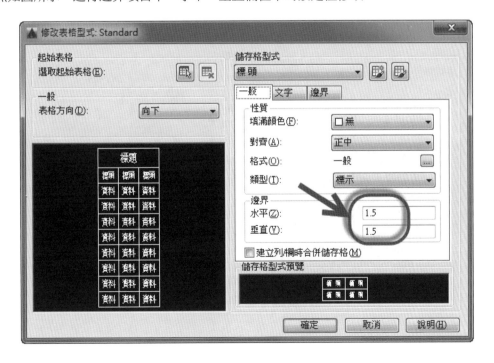

STEP 10

將水平、垂直欄位中的設定值修改為 0.5。

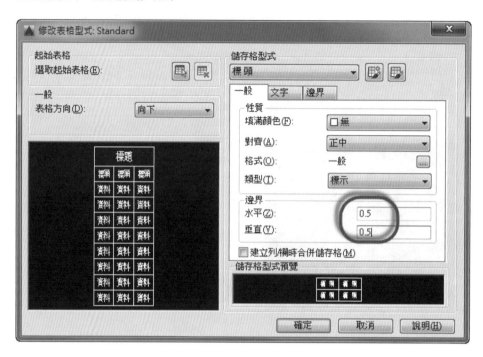

STEP 11

請依照如圖所示，點選文字頁籤，進行數值設定，將文字高度設定為 5。

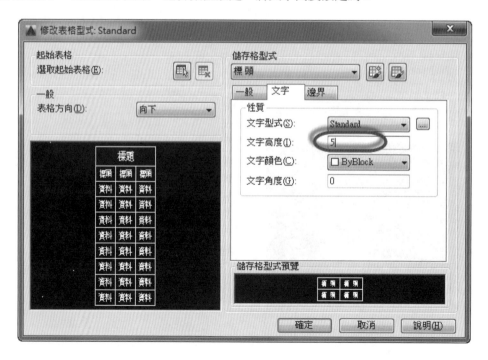

STEP 12

請依照如圖所示,將儲存格型式切換至標題。

STEP 13

請依照如圖所示,進行邊界項目中,水平、垂直欄位中的設定值修改。

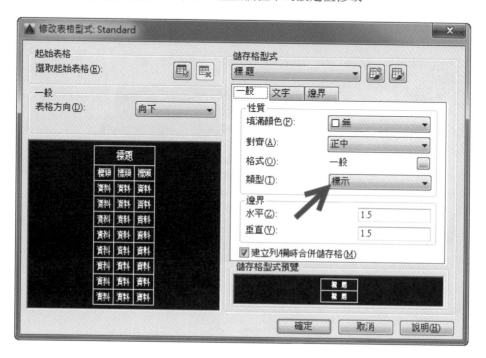

STEP 14

將水平、垂直欄位中的設定值修改為 0.5，並按確定按鈕。

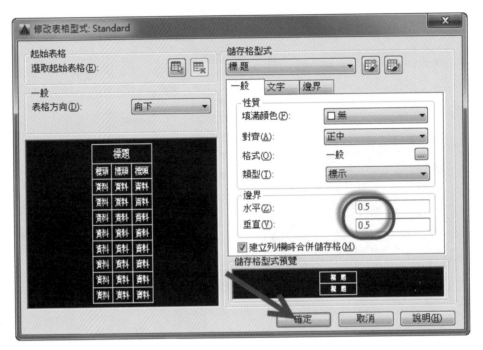

STEP 15

請依照如圖所示，點選新建按鈕，建立新的表格型式。

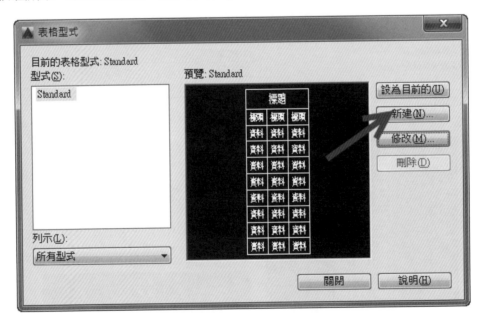

STEP 16

輸入新型式名稱零件表，入後點選繼續按鈕。

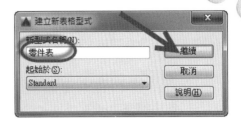

STEP 17

請依照如圖所示，將表格方向設定為向下。

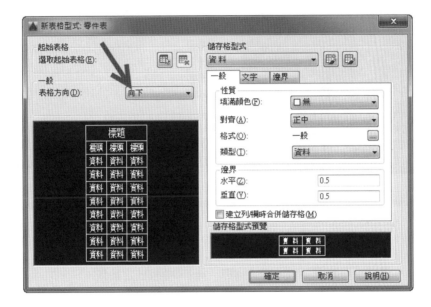

STEP 18

請依照如圖所示，將儲存格型式切換至標頭，進行性質類型修改。

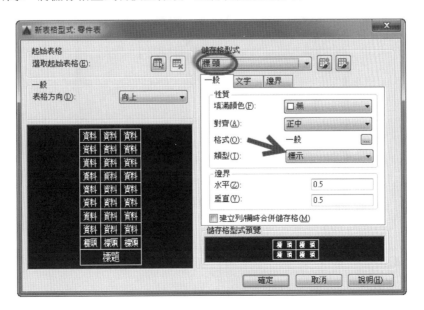

STEP 19

將性質類型修改為資料，並點選格式後方之方形按鈕。

STEP 20

請依照如圖所示，資料類型選擇文字，格式選擇（無），並按確定按鈕。

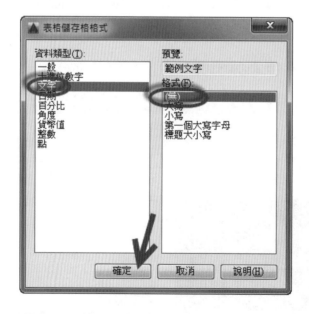

STEP 21

請依照如圖所示，將文字高度設為 3。

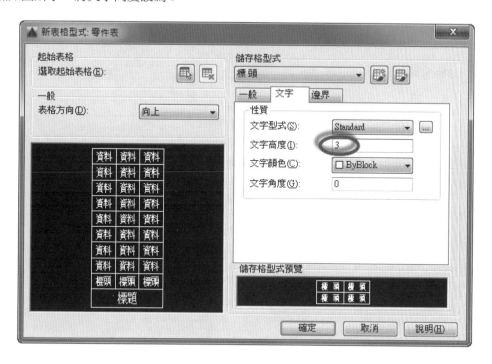

STEP 22

請依照如圖所示，將儲存格型式切換至標頭。

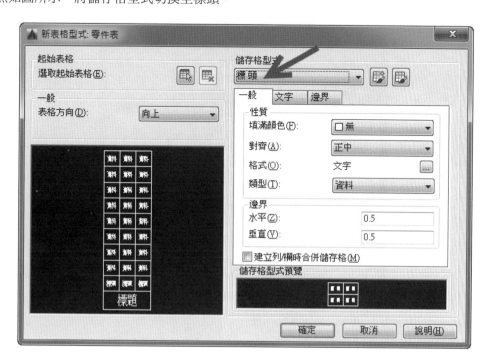

STEP 23

請依照如圖所示，將儲存格型式切換至標頭，並點選格式後方之方形按鈕。

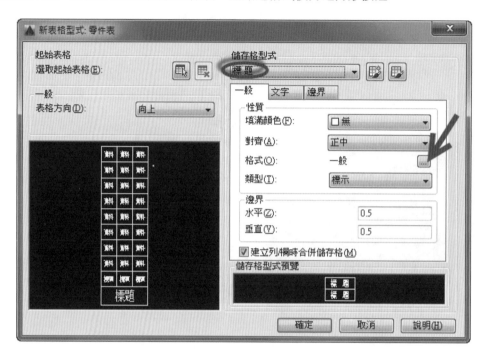

STEP 24

請依照如圖所示資，資料類型選擇文字，格式選擇（無），並按確定按鈕。

STEP 25

請依照如圖所示，進行性質類型修改。

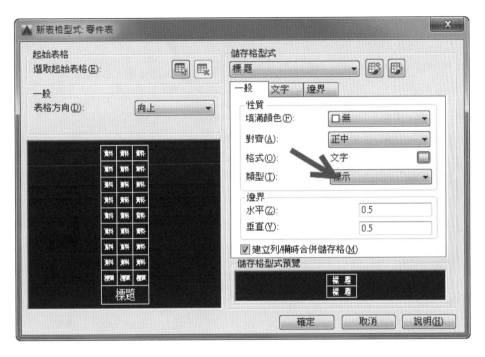

STEP 26

將性質類型修改為資料。

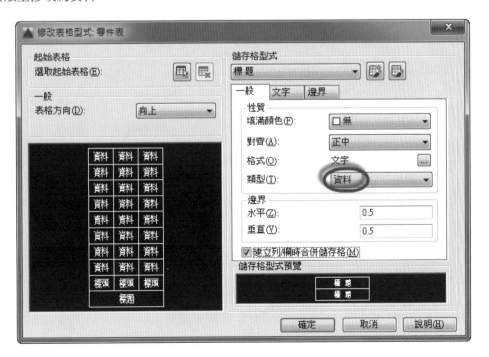

STEP 26

取消建立列欄時合併儲存格功能，並取切換至文字頁籤。

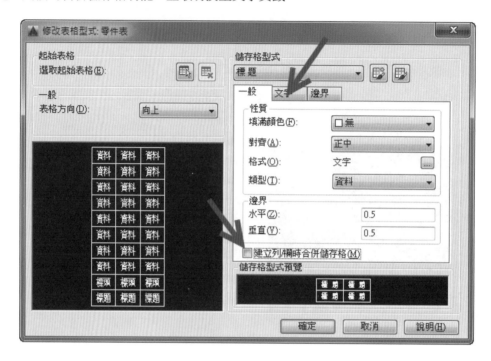

STEP 27

請依照如圖所示，將文字高度設為 3，並按確定按鈕。

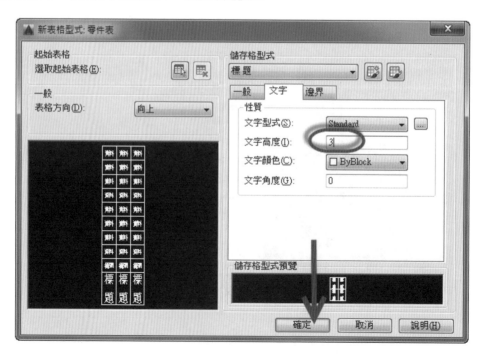

STEP 28

設定完成後，點選關閉按鈕，結束表格設定。

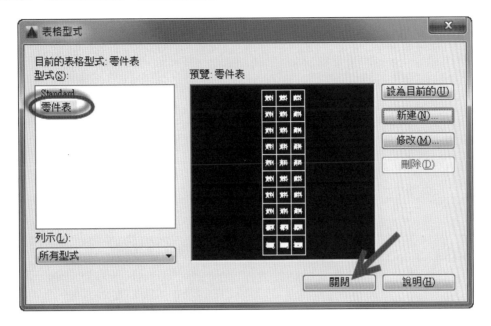

NOTE

PART 2

樣板檔製作

Section 1
模型空間之 CNS 標註型式建立

依照出圖方式的不同，標註的型式也不盡相同，本章節將針對模型空間出圖，設定符合 CNS 規範的標註型式，標註型式的設定必須涵蓋標註尺寸時所需的各種需求，因此我們將設定父系標註型式及子系標註型式，以達到標註時的所有需求，如使用配置空間出圖者，請跳過本章節，直接進入 Section2 。

1-1 建立父系標註型式

在建立標註型式之前，我們必須先了解尺寸標註個部位名稱，了解後才能了解設定的內容與細節，各部位名稱如圖所示。

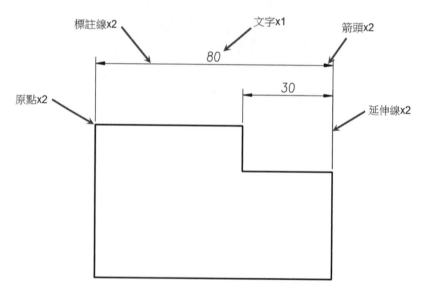

尺寸各部位名稱

STEP 1

使用 Dimstyle 指令,進入標註型式管理員對話框中,選取 ISO-25 標註型式,然後點選新建按鈕。

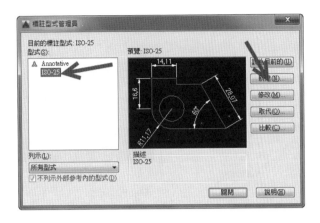

STEP 2

進入建立新標註型式對話框中,輸入新型式名稱為 CNS-30,然後按繼續按鈕。

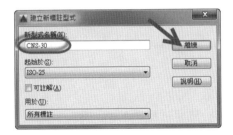

STEP 3

在標註線項目中,分別對顏色、線型、線粗進行設定。

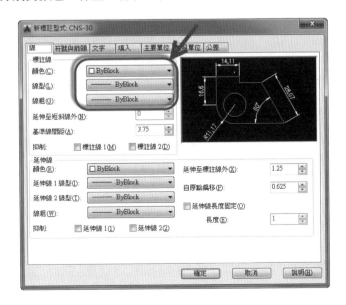

STEP 4

點選清單，分別將顏色、線型、線粗設定為 ByLayer 模式。

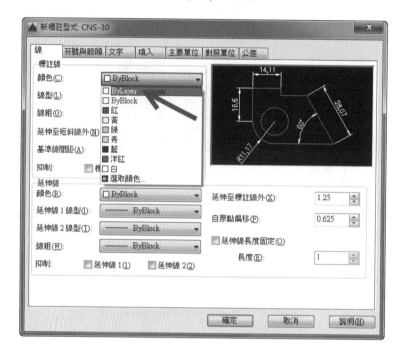

STEP 5

設定完成後，顏色、線型、線粗分別變更為 ByLayer 模式。

STEP 6

在延伸線項目中，分別對顏色、線型、線粗進行設定。

STEP 7

設定完成後，顏色、線型、線粗分別變更為 ByLayer 模式。

線頁籤中之各部位設定項目，如下圖所示。

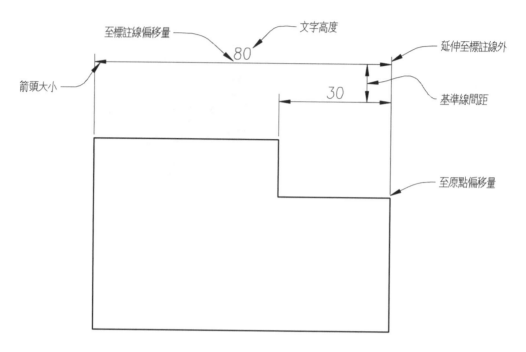

STEP 8

變更基準線間距設定。

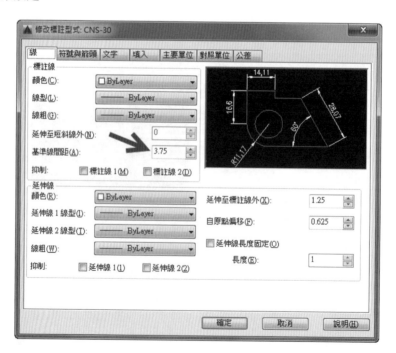

STEP 9

將基準線間距設定為 10。

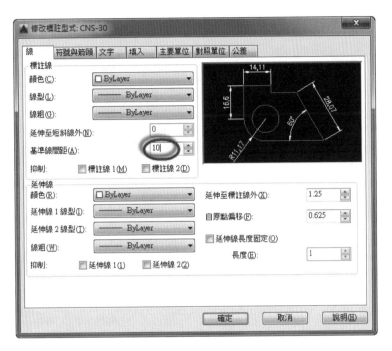

STEP 10

變更延伸至標註線外設定。

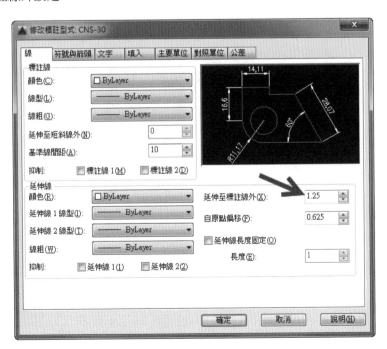

STEP 11

將延伸至標註線外設定為 2。

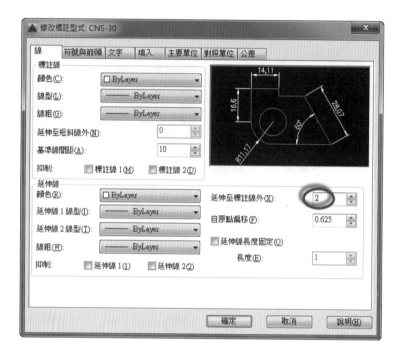

STEP 12

變更自原點偏移設定。

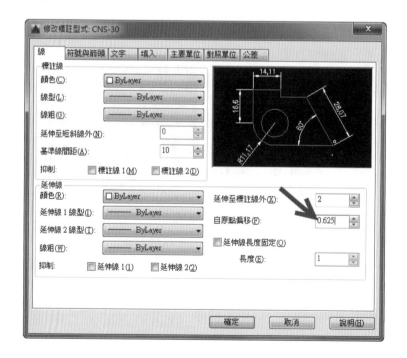

STEP 13

將自原點偏移設定為 1，設定完成後點選確定按鈕。

STEP 14

切換至符號與箭頭頁籤。

STEP 15

變更箭頭大小設定。

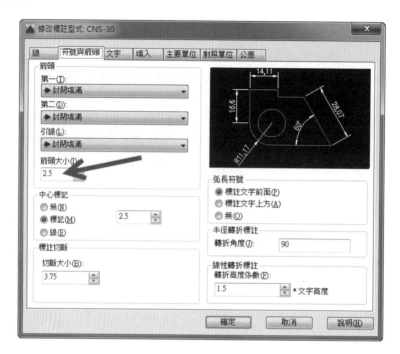

STEP 16

將箭頭大小設定為 3。

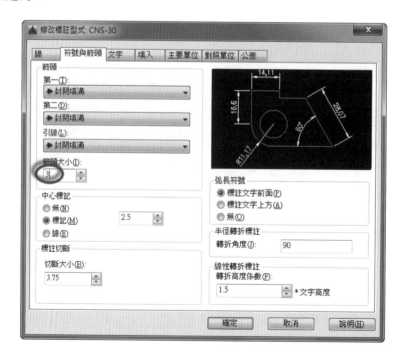

STEP 17

變更中心標記設定。

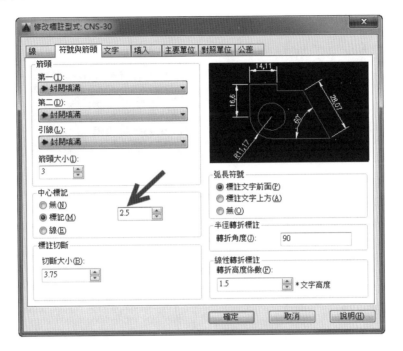

中心標記之設定項目，如下圖所示

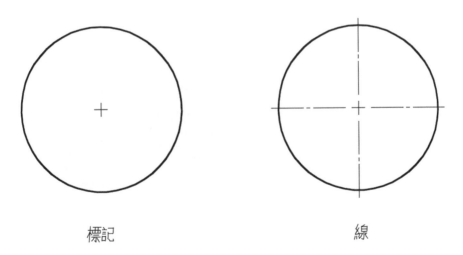

標記   線

STEP 18

將標記設定為 2。

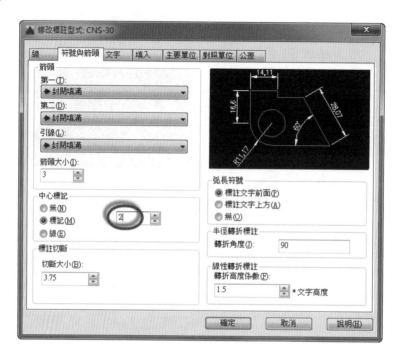

STEP 19

變更切斷大小設定。

STEP 20

將切斷大小設定為 1.5。

STEP 21

變更弧長符號設定。

標註在文字前方

標註在文字上方

STEP 22

選取標註文字上方。

STEP 23

變更轉折角度設定。

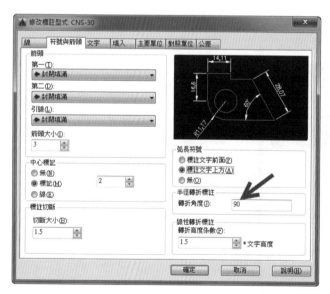

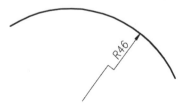

轉折角度＝90°

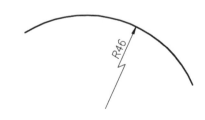

轉折角度＝45°

STEP 24

將轉折角度設定為 45。

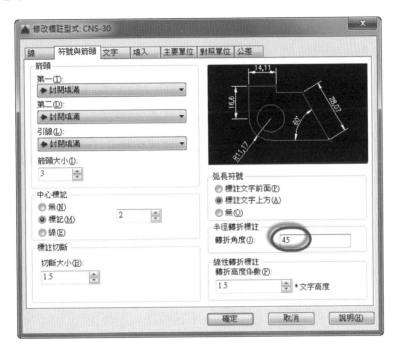

STEP 25

切換至文字頁籤。

STEP 26

變更文字顏色設定。

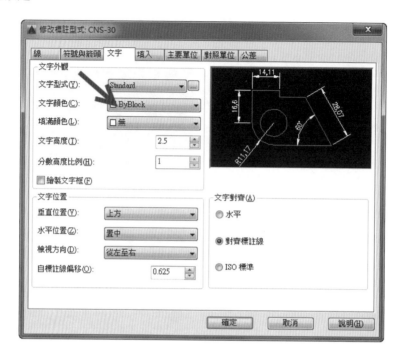

STEP 27

將文字顏色設定為 白色。

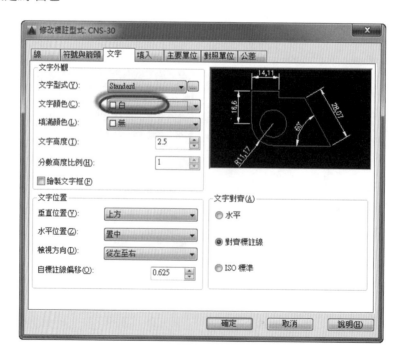

STEP 28

變更文字高度設定。

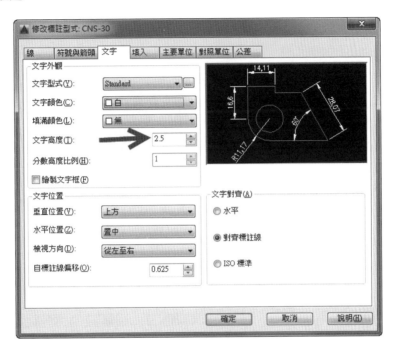

STEP 29

將文字高度設定為 3。

STEP 30

變更自標註線偏移設定。

STEP 31

將自標註線偏移設定為 1。

STEP 32

切換至填入頁籤。

STEP 33

將填入選項設定為 文字一律置於延伸線之間。

STEP 34

將文字位置設定為標註線上方（不含引線）。

STEP 35

切換至主要單位頁籤。

STEP 36

變更小數分隔符號設定。

STEP 37

將小數分隔符號設定為 . 小數點。

STEP 38

變更角度標註中精確度設定。

STEP 39

將自標註線偏移設定為 0.00。

STEP 40

將零抑制設定為結尾。

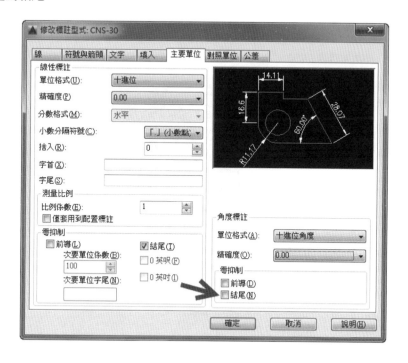

STEP 41

核取結尾項目後，點選確定按鈕。

STEP 42

刪除型式清單中 Annotative 及 ISO-25

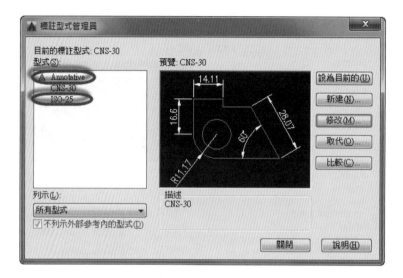

STEP 43

確認刪除 ISO-25 標註型式，點選是按鈕。

STEP 44

接著刪除型式清單中 Annotative 標註型式

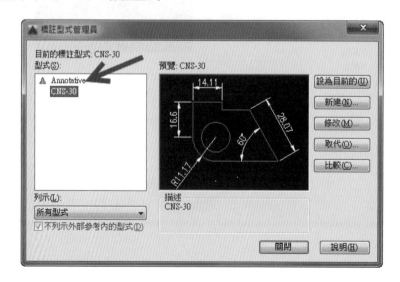

STEP 45

確認刪除 Annotative 標註型式，點選是按鈕。

STEP 46

清單中只留下 CNS-30 標註型式

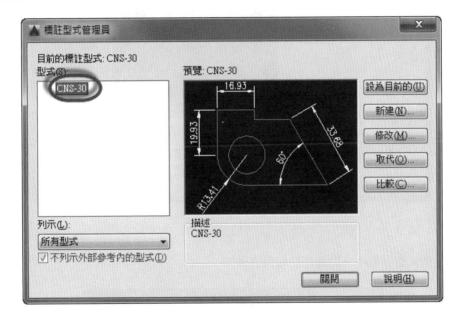

1-2 建立子系標註型式

子系標註型式的建立是為了解決半徑、直徑、角度標註時的特別需求，因此必須在父系標註型式外，另外設定獨立項目。

STEP 1

點選新建按鈕。

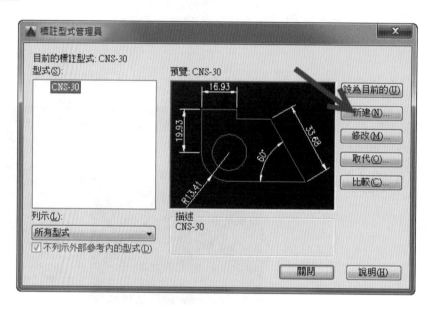

STEP 2

在建立新標註型式對話框中，點選用於項目之清單。

STEP 3

在清單中選擇半徑標註，再點選繼續按鈕。

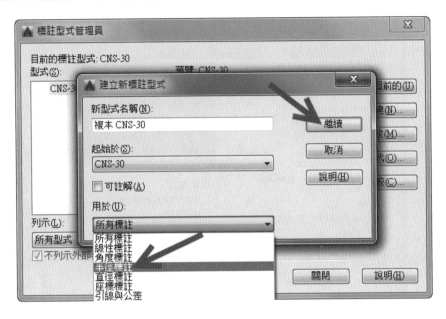

STEP 4

請切換至填入頁籤。

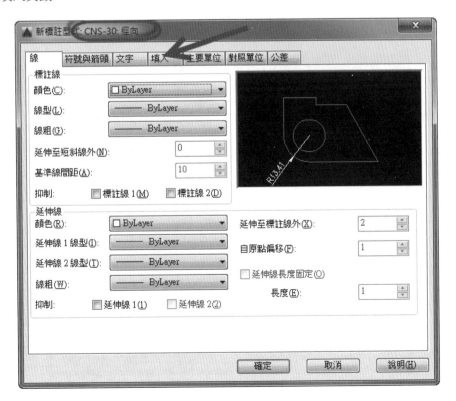

STEP 5

在填入選項中選擇文字。

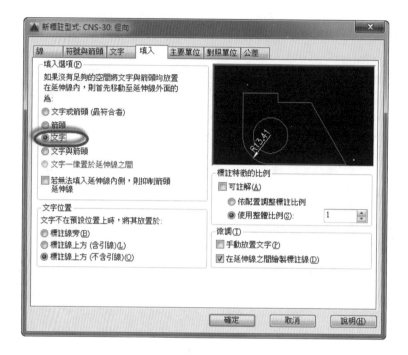

STEP 6

在文字位置中選擇標註線旁。

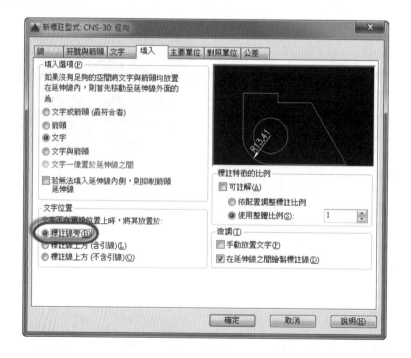

STEP 7

在微調中核取手動放置文字，再點選確定按鈕。

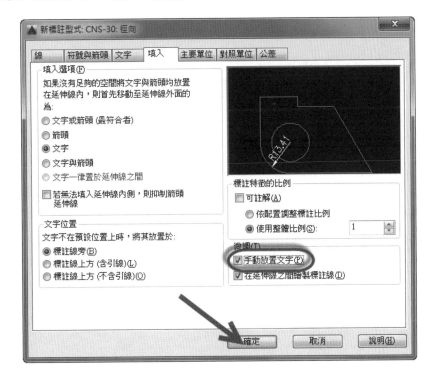

STEP 8

完成後清單出現徑向，接著再點選新建按鈕。

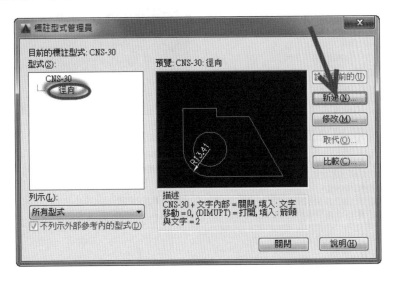

STEP 9

在清單中選擇直徑標註，再點選繼續按鈕。

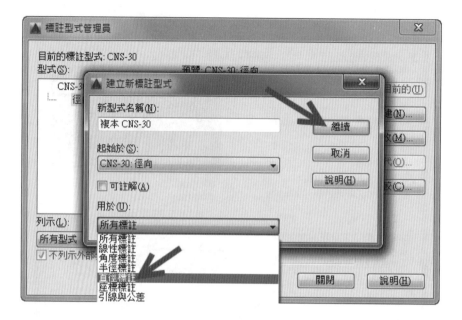

STEP 10

在填入選項中選擇文字。

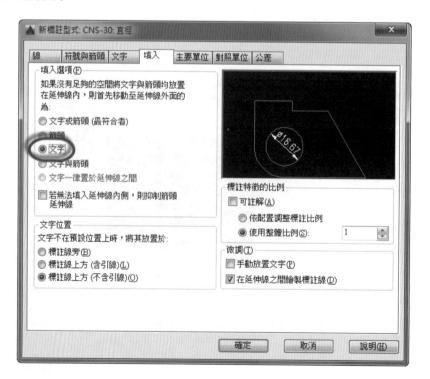

STEP 11

在文字位置中選擇標註線旁。

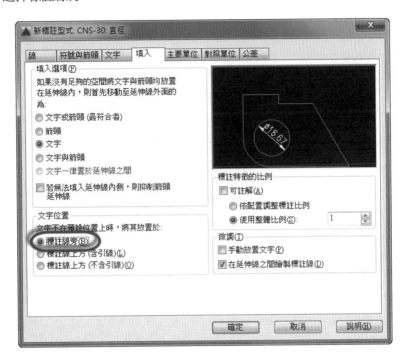

STEP 12

在微調中核取手動放置文字,再點選確定按鈕。

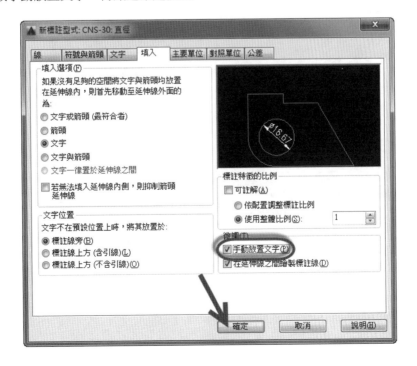

STEP 13

完成後清單出現徑向、直徑，接著再點選新建按鈕。

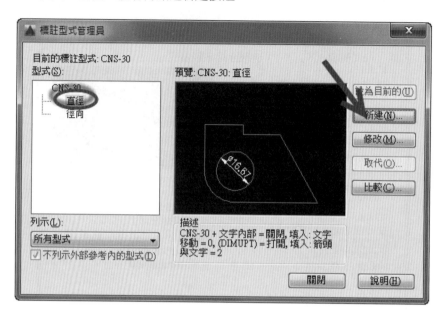

STEP 14

在清單中選擇角度標註，再點選繼續按鈕。

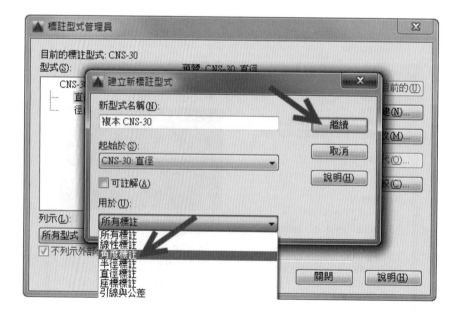

STEP 15

在填入選項中選擇文字或箭頭（最符合者）。

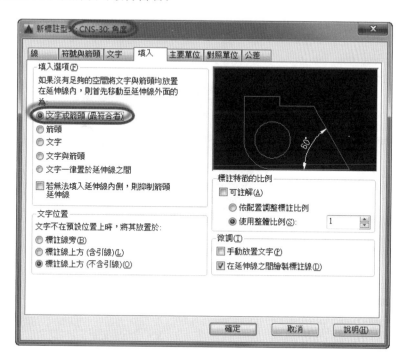

STEP 16

在文字位置中選擇標註線旁，再點選確定按鈕。

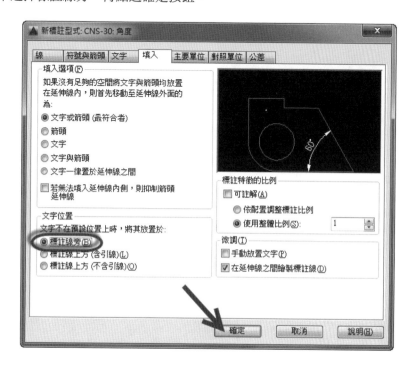

STEP 17

完成子系標註型式設定，請點選關閉按鈕結束設定。

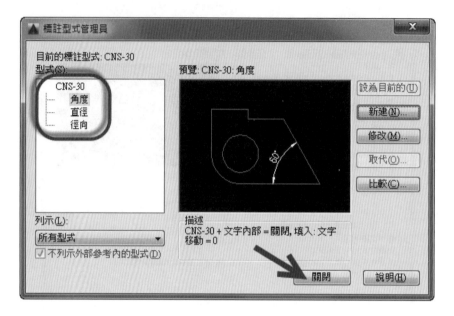

Section 2
配置空間之 CNS 標註型式建立

本章節將針對配置空間出圖，設定符合 CNS 規範的標註型式，標註型式的設定必須涵蓋標註尺寸時所需的各種需求，因此我們將設定父系標註型式及子系標註型式，以達到標註時的所有需求。

2-1 建立父系標註型式

在建立標註型式之前，我們必須先了解尺寸標註個部位名稱，了解後才能了解設定的內容與細節，各部位名稱如圖所示。

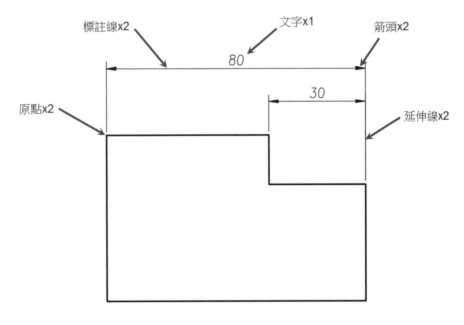

尺寸各部位名稱

STEP 1

使用 Dimstyle 指令，進入標註型式管理員對話框中，選取 ISO-25 標註型式，然後點選新建按鈕。

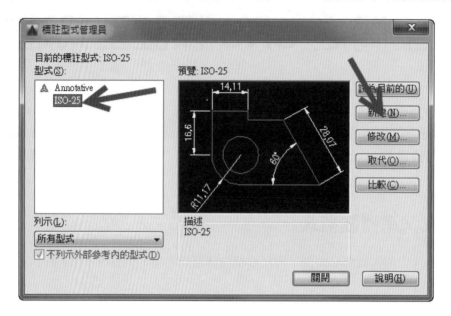

STEP 2

進入建立新標註型式對話框中，輸入新型式名稱為 CNS-30，然後按繼續按鈕。

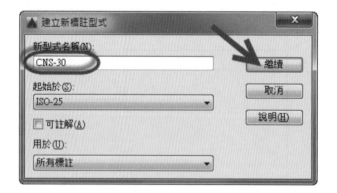

STEP 3

在標註線項目中，分別對顏色、線型、線粗進行設定。

STEP 4

點選清單，分別將顏色、線型、線粗設定為 ByLayer 模式。

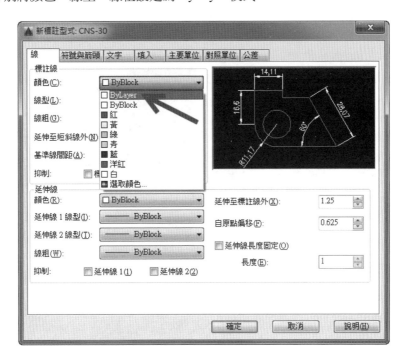

STEP 5

設定完成後，顏色、線型、線粗分別變更為 ByLayer 模式。

STEP 6

在延伸線項目中，分別對顏色、線型、線粗進行設定。

STEP 7

設定完成後，顏色、線型、線粗分別變更為 ByLayer 模式。

線頁籤中之各部位設定項目，如下圖所示。

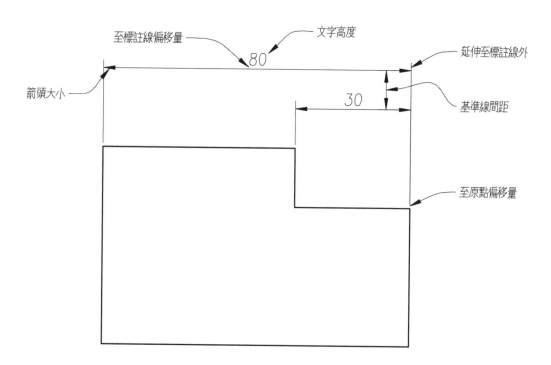

STEP 8

變更基準線間距設定。

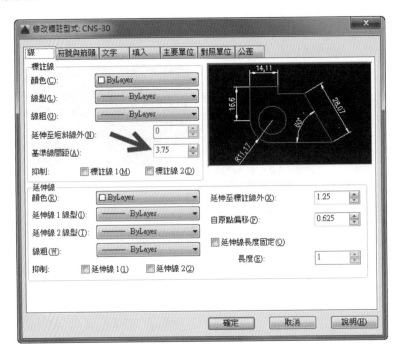

STEP 9

將基準線間距設定為 10。

STEP 10

變更延伸至標註線外設定。

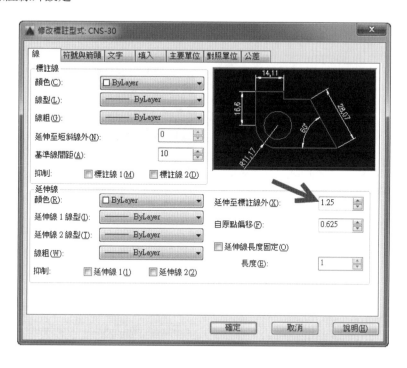

STEP 11

將延伸至標註線外設定為 2。

STEP 12

變更自原點偏移設定。

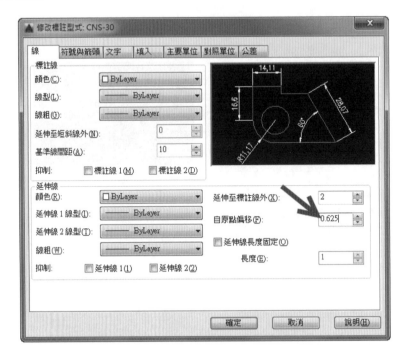

STEP 13

將自原點偏移設定為 1，設定完成後點選確定按鈕。

STEP 14

切換至符號與箭頭頁籤。

STEP 15

變更箭頭大小設定。

STEP 16

將箭頭大小設定為 3。

STEP 17

變更中心標記設定。

中心標記之設定項目,如下圖所示

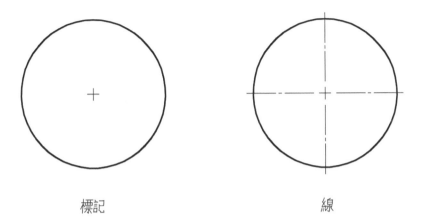

標記   線

STEP 18

將標記設定為 2。

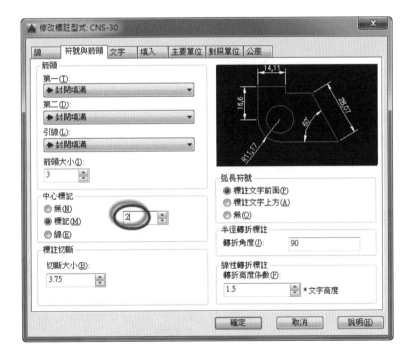

STEP 19

變更切斷大小設定。

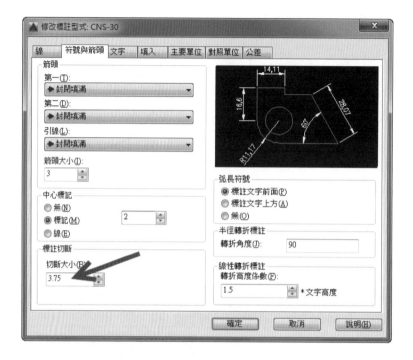

STEP 20

將切斷大小設定為 1.5。

STEP 21

變更弧長符號設定。

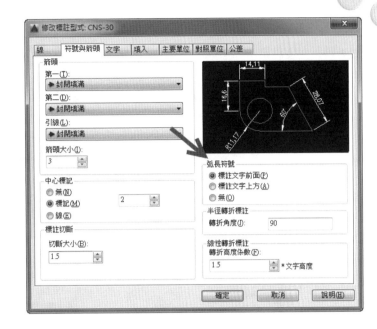

標註在文字前方   標註在文字上方

STEP 22

選取標註文字上方。

STEP 23

變更轉折角度設定。

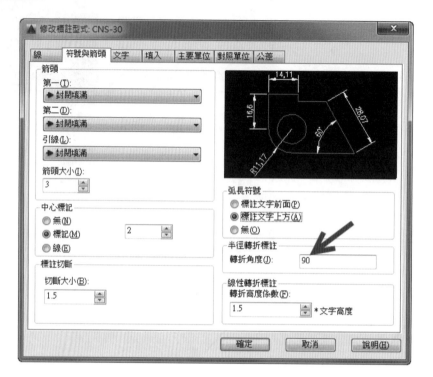

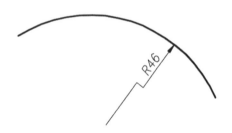

轉折角度=90°

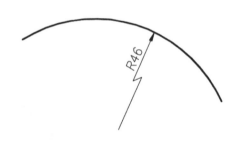

轉折角度=45°

STEP 24

將轉折角度設定為 45。

STEP 25

切換至文字頁籤。

STEP 26

變更文字顏色設定。

STEP 27

將文字顏色設定為白色。

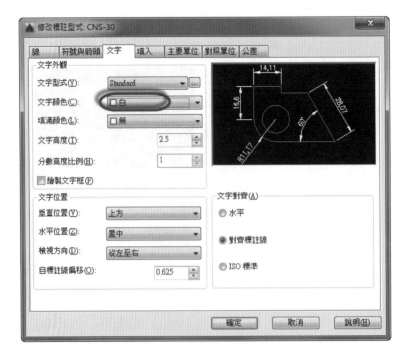

STEP 28

變更文字高度設定。

STEP 29

將文字高度設定為 3。

變更自標註線偏移設定。

將自標註線偏移設定為 1。

STEP 32

切換至填入頁籤。

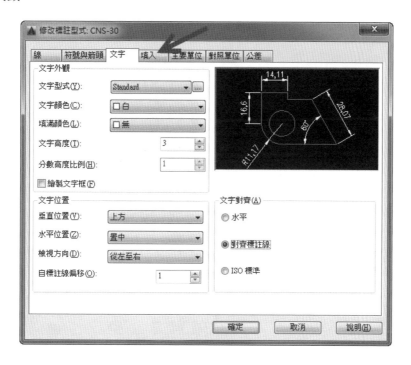

STEP 33

將填入選項設定為文字一律置於延伸線之間。

STEP 34

將文字位置設定為標註線上方（不含引線），標註的特徵比例設定為依配置調整標註比例。

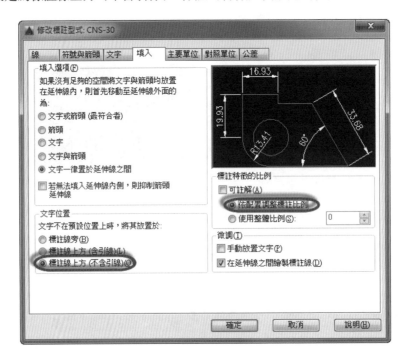

STEP 35

切換至主要單位頁籤。

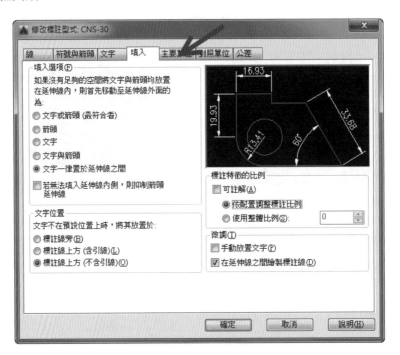

STEP 36

變更小數分隔符號設定。

STEP 37

將小數分隔符號設定為.小數點。

STEP 38

變更角度標註中精確度設定。

STEP 39

將自標註線偏移設定為 0.00。

STEP 40

將零抑制設定為結尾。

STEP 41

核取結尾項目後，點選確定按鈕。

STEP 42

刪除型式清單中 Annotative 及 ISO-25

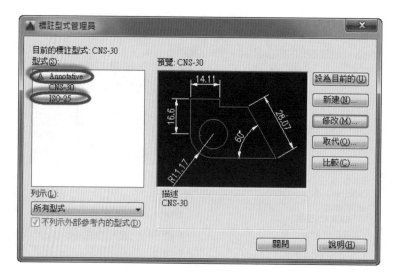

STEP 43

確認刪除 ISO-25 標註型式，點選是按鈕。

STEP 44

接著刪除型式清單中 Annotative 標註型式

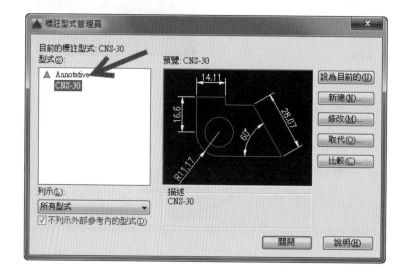

STEP 45

確認刪除 Annotative 標註型式，點選是按鈕。

STEP 46

清單中只留下 CNS-30 標註型式

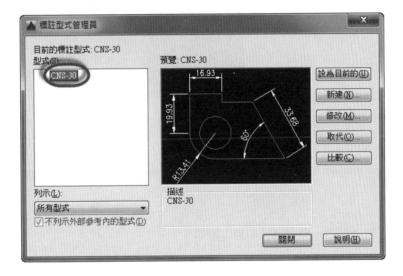

2-2　建立子系標註型式

子系標註型式的建立是為了解決半徑、直徑、角度標註時的特別需求，因此必須在父系標註型式外，另外設定獨立項目。

STEP 1

點選新建按鈕。

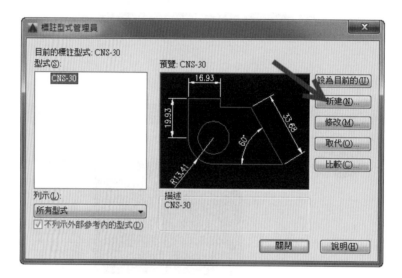

STEP 2

在建立新標註型式對話框中，點選用於項目之清單。

STEP 3

在清單中選擇半徑標註，再點選繼續按鈕。

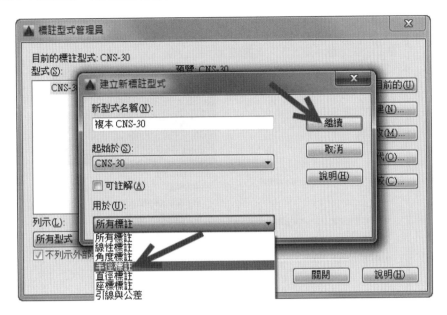

STEP 4

請切換至填入頁籤。

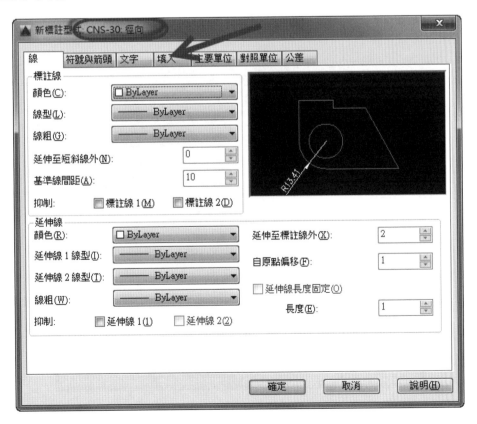

在填入選項中選擇文字。

在文字位置中選擇標註線旁。

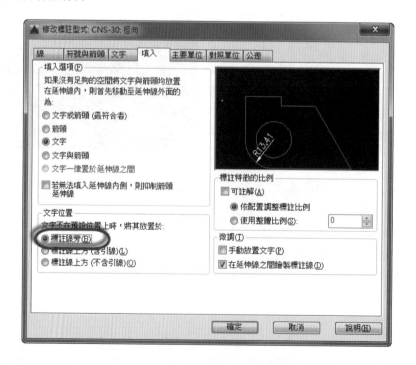

STEP 7

在微調中核取手動放置文字，再點選確定按鈕。

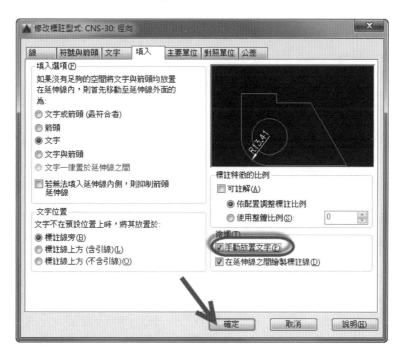

STEP 8

完成後清單出現徑向，接著再點選新建按鈕。

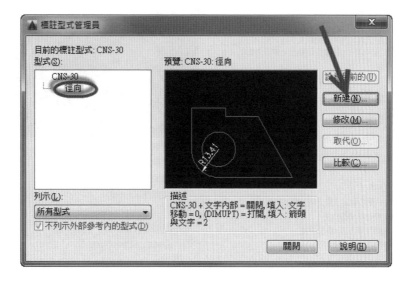

STEP 9

在清單中選擇直徑標註，再點選繼續按鈕。

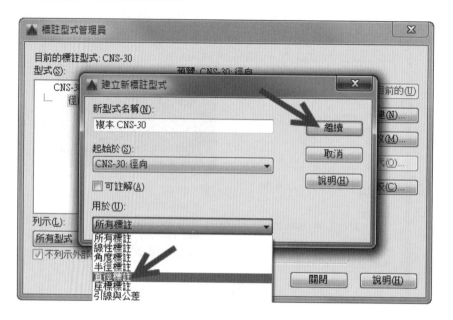

STEP 10

在填入選項中選擇文字。

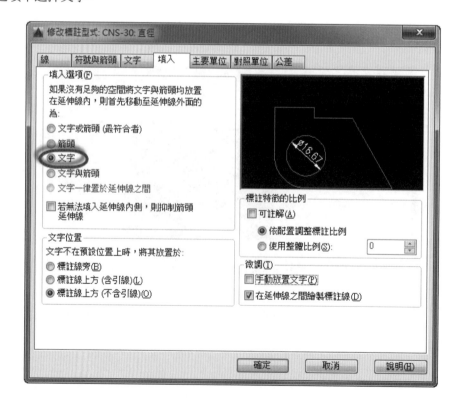

STEP 11

在文字位置中選擇標註線旁。

STEP 12

在微調中核取手動放置文字,再點選確定按鈕。

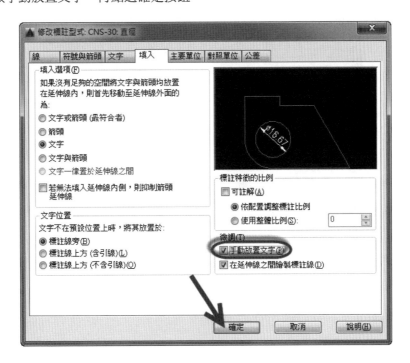

STEP 13

完成後清單出現徑向、直徑，接著再點選新建按鈕。

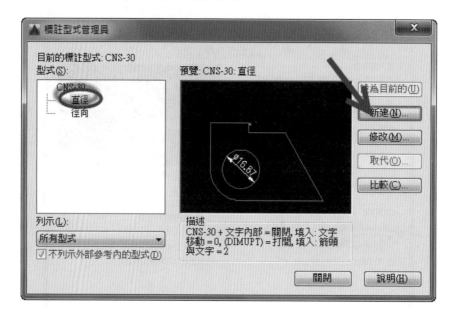

STEP 14

在清單中選擇角度標註，再點選繼續按鈕。

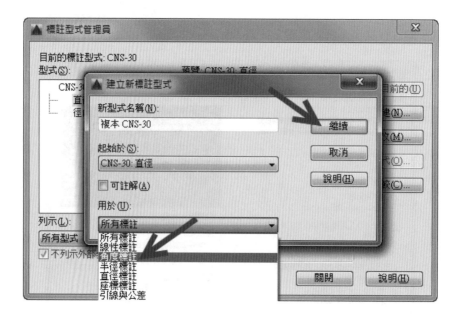

STEP 15

在填入選項中選擇文字或箭頭（最符合者）。

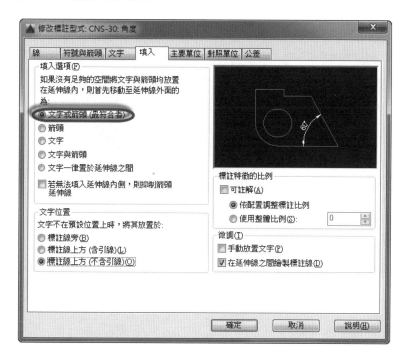

STEP 16

在文字位置中選擇標註線旁，再點選確定按鈕。

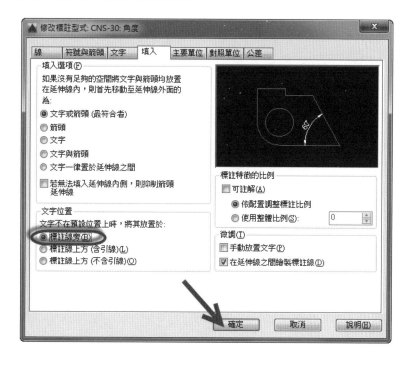

STEP 17

完成子系標註型式設定，請點選關閉按鈕結束設定。

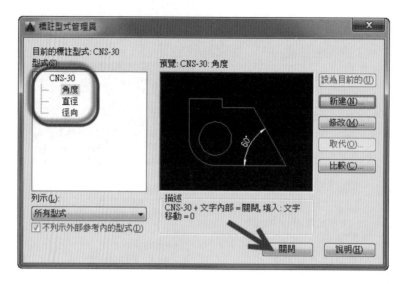

Section 3
專用箭頭、圖說符號設計與製作

本章節將針對專用箭頭及圖說符號的製作進行介紹，箭頭製作有一定的標準，使用者大多使用內建箭頭符號，對於自訂製作的方法並不了解，因此我們將舉例讓各位讀者熟悉製作方法及要訣，下方圖形為本章節製作專用箭頭的相關尺寸圖例。

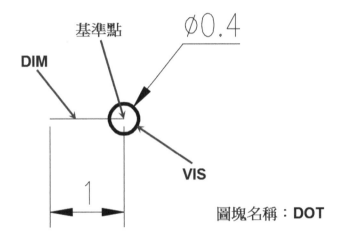

STEP 1

先將圖形繪製完成，使用 Block 指令，進入圖塊定義對話框中，輸入圖塊名稱為 DOT。

STEP 2

點選基準點中的點選點按鈕，指定圖塊之基準點。

STEP 3

回到圖面上選取圓形之中心點。

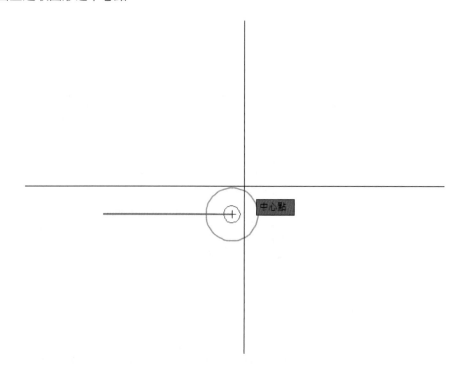

STEP 4

指定基準點完成後回到圖塊定義對話框。

STEP 5

先選擇刪除，然後點選物件中的選取物件按鈕。

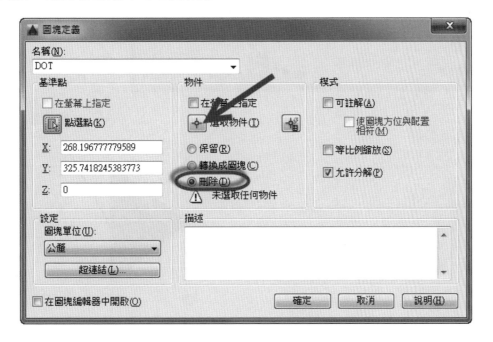

STEP 6

回到圖面上選取全部圖形。

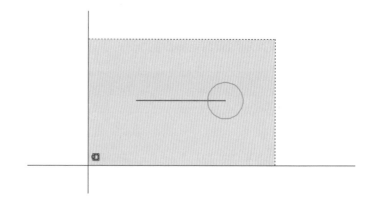

STEP 7

回到對話框中，確認物件是否選取，然後點選確定按鈕，完成 DOT 圖塊製作。

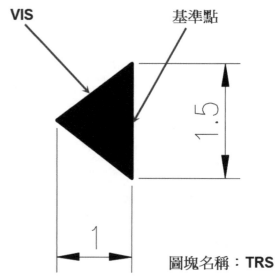

STEP 1

先將圖形使用 Pline 指令繪製完成，使用 Block 指令，進入圖塊定義對話框中，輸入圖塊名稱為 DOT。

STEP 2

點選基準點中的點選點按鈕，指定圖塊之基準點。

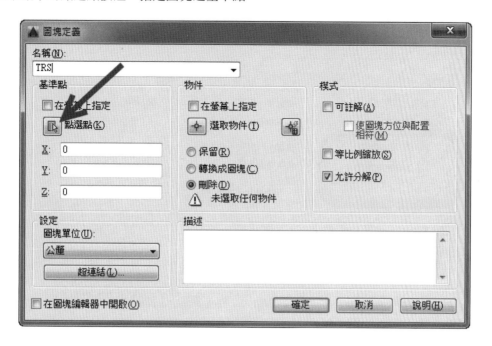

STEP 3

回到圖面上選取三角形之端點。

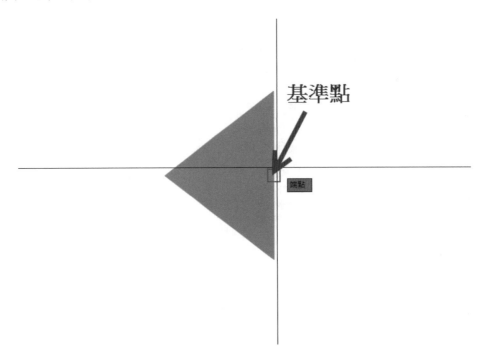

STEP 4

指定基準點完成後回到圖塊定義對話框。

STEP 5

先選擇刪除，然後點選物件
中的選取物件按鈕，回到圖
面上選取全部圖形。

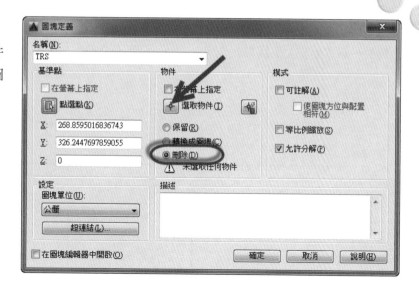

STEP 6

回到對話框中，確認物件是否選取，然後點選確定按鈕，完成 TRS 圖塊製作。

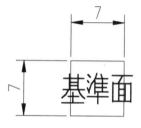

圖塊名稱：BASE

STEP 1

先繪製一正方形，大小為 7x7。

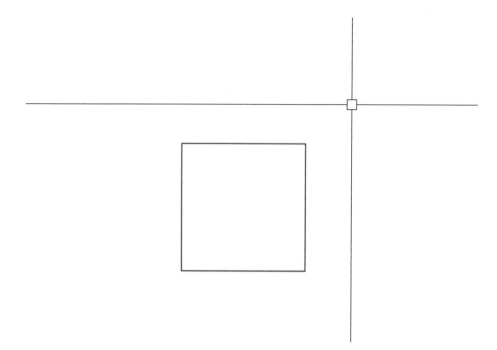

STEP 2

使用 ATTDEF 指令建立屬性，在標籤欄位中輸入基準面。

STEP 3

在對正方式點選清單。

STEP 4

將對正方式設定為正中。

STEP 5

將文字高度設定為 4.5，然後點選確定按鈕。

STEP 6

將屬性放置於正方形中央。

STEP 7

使用 Block 指令，進入圖塊定義對話框中，輸入圖塊名稱為 BASE。

STEP 8

點選基準點中的點選點按鈕，指定圖塊之基準點。

STEP 9

回到圖面上選取正方形交點。

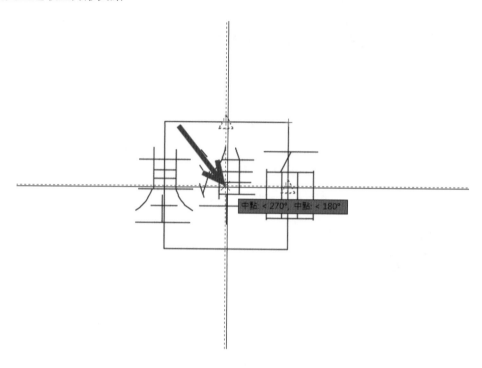

STEP 10

指定基準點完成後回到圖塊定義對話框。

STEP 11

先選擇刪除,然後點選物件中的選取物件按鈕,回到圖面上選取全部圖形。

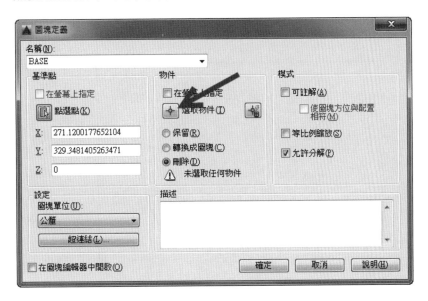

STEP 12

回到對話框中,確認物件是否選取,然後點選確定按鈕,完成 BASE 圖塊製作。

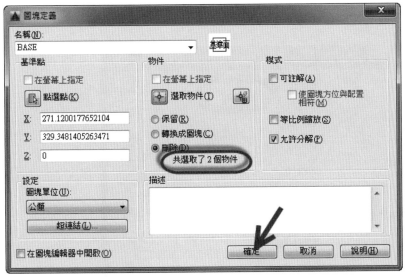

圖塊名稱:PART_NO

STEP 1

先繪製一圓形，直徑為 10。

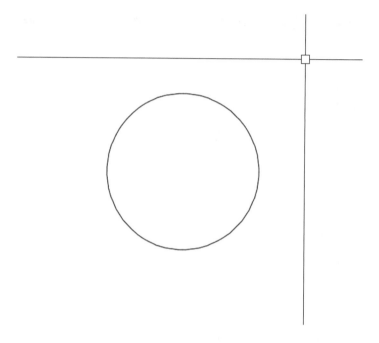

STEP 2

使用 ATTDEF 指令建立屬性，在標籤欄位中輸入零件編號。

STEP 3

在對正方式點選清單。

STEP 4

將對正方式設定為正中。

STEP 5

將文字高度設定為 4.5，然後點選確定按鈕。

STEP 6

將屬性放置於圓形中心點。

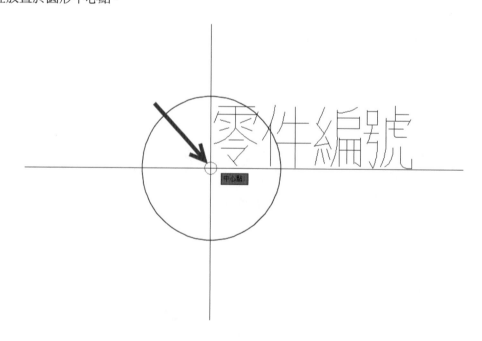

STEP 7

完成後之圖形。

STEP 8

使用 Block 指令,進入圖塊定義對話框中,輸入圖塊名稱為 PART_NO。

STEP 9

點選基準點中的點選點按鈕，指定圖塊之基準點。

STEP 10

回到圖面上選取圓形中心點。

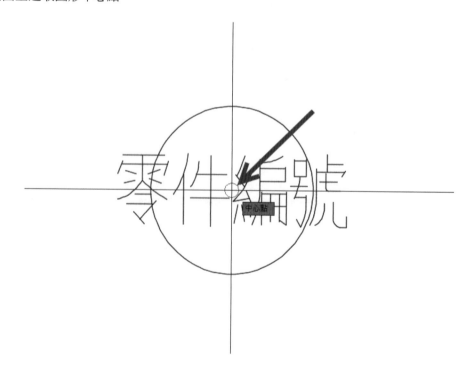

指定基準點完成後回到圖塊定義對話框。

先選擇刪除，然後點選物件中的選取物件按鈕，回到圖面上選取全部圖形。

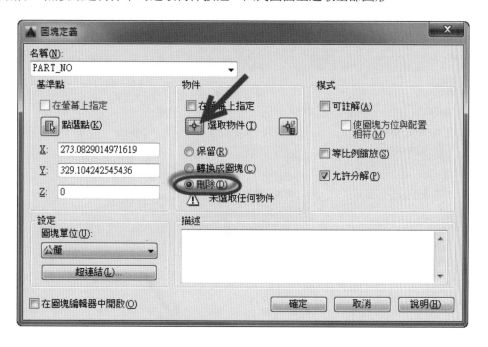

STEP 13

回到圖面上選取全部圖形。

STEP 14

回到對話框中,確認物件是否選取,然後點選確定按鈕,完成 PART_NO 圖塊製作。

Section 4
多重引線標註型式之建立

多重引線通常使用在圖面註解，使用時必須依據標註的使用習慣進行各種型式設定，使用的型式經過歸納後，將進行下列五種型式設定，建立之型式為加工、註解、倒角、基準面、零件編號，由於多重引線是由註解比例控制大小，因此設定時必須選則可註解功能，接著我們將依序多重引線建立標註型式。

STEP 1

使用 MLEADERSTYLE 指令，進入多重引線型式管理員，點選新建按鈕。

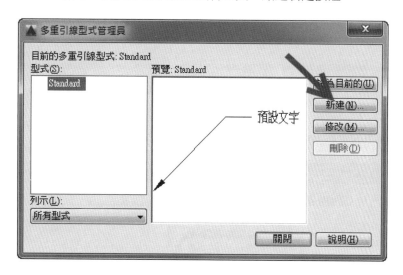

STEP 2

在新型式名稱欄位中輸入加工，核取可註解項目。

STEP 3

點選引線格式頁籤，將顏色、線型、線粗進行修改設定。

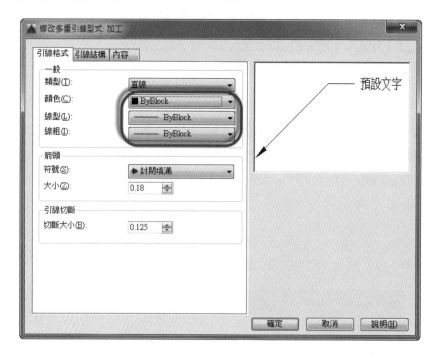

STEP 4

將顏色、線型、線粗設定為 ByLayer 模式，接著進行箭頭大小修改設定。

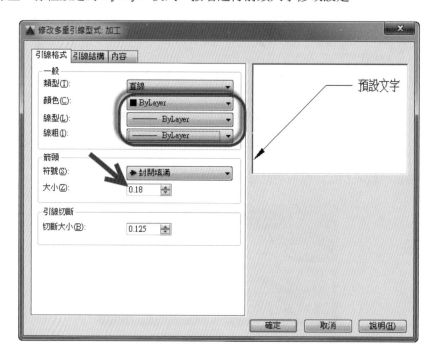

STEP 5

箭頭大小設定為 3。

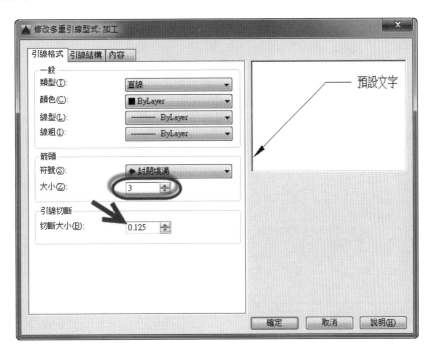

STEP 6

引線切斷項目中之切斷大小設定為 1.5，完成後切換至引線結構頁籤。

STEP 7

在引線結構頁籤中，進行連字線設定。

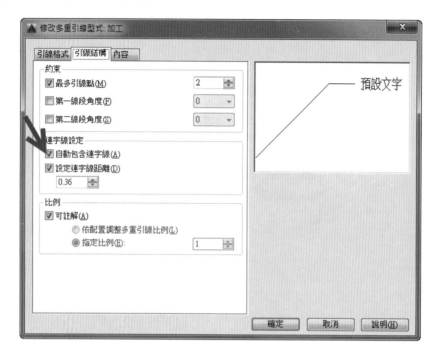

STEP 8

將自動包含連字線取消設定，完成後切換至內容頁籤。

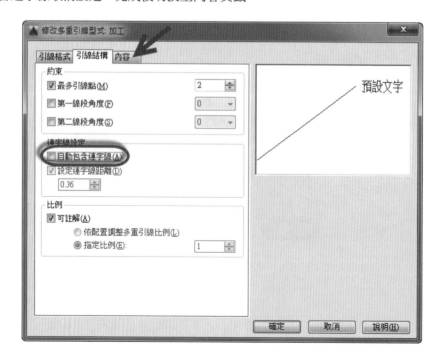

STEP 9

在內容頁籤中，進行文字顏色設定。

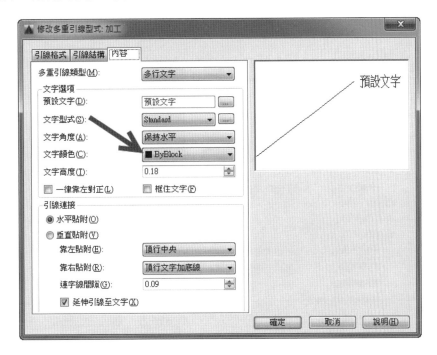

STEP 10

在選取顏色對話框中，點選索引顏色頁籤中的白色。

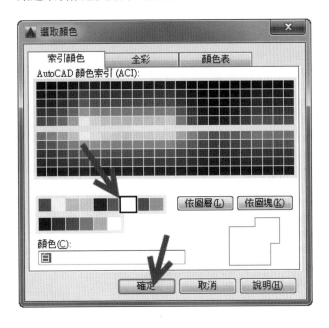

STEP 11

文字顏色修改為白色後,進行文字高度設定。

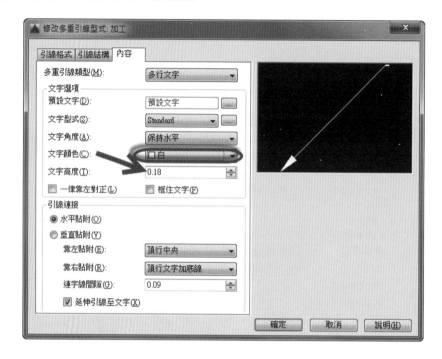

STEP 12

將文字高度設定為 3,完成後進行引線連接項目之靠左貼附進行設定。

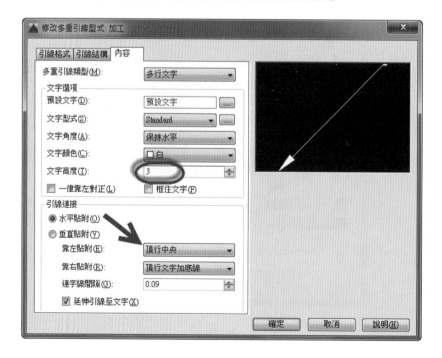

STEP 13

將靠左貼附設定為頂行文字加底線，接著進行連字線間隙設定。

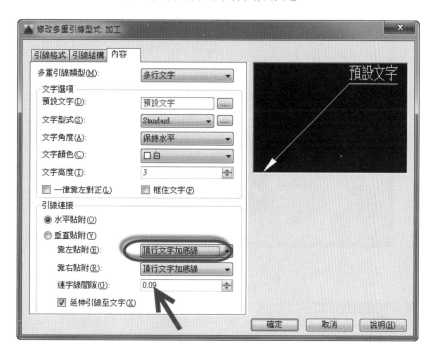

STEP 14

將連字線間隙設定為 0，完成後點選確定按鈕。

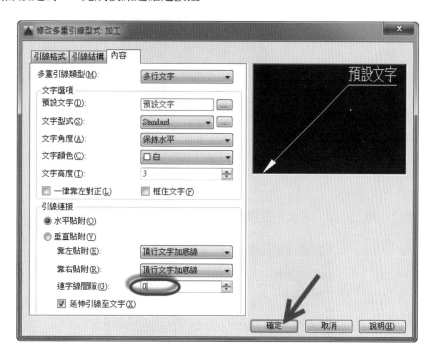

STEP 15

回到多重引線型是管理員，型式清單增加了加工型式。

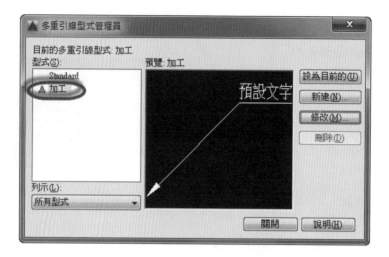

STEP 16

選取加工型式後，點選新建按鈕。

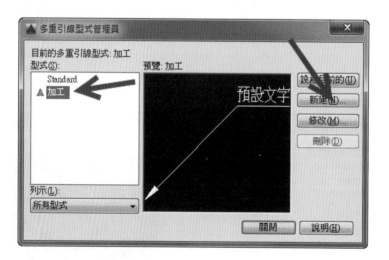

STEP 17

在新型式名稱欄位中輸入註解，然後點選繼續按鈕。

STEP 18

切換至引線格式頁籤,進行箭頭符號設定。

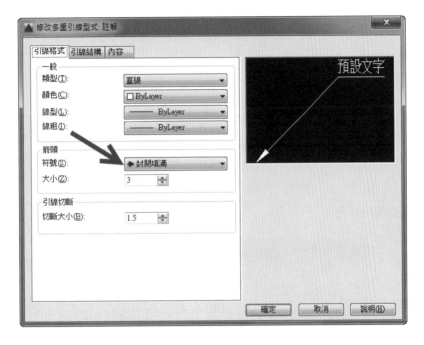

STEP 19

點選箭頭符號清單,選取使用者箭頭項目。

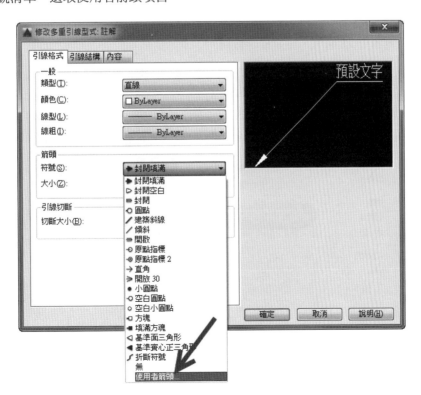

STEP 20

進入選取自訂箭頭圖塊對話框，在圖快清單中選取 DOT 圖塊。

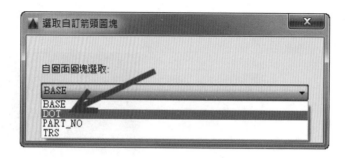

STEP 21

設定完成後，點選確定按鈕。

STEP 22

確認箭頭符號設定為 DOT 圖塊，點選確定按鈕。

STEP 23

回到多重引線型是管理員，型式清單增加了註解型式。

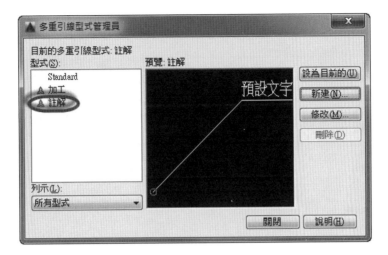

STEP 24

選取加工型式後，點選新建按鈕。

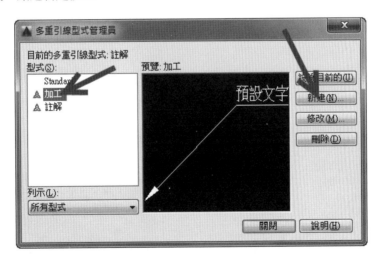

STEP 25

在新型式名稱欄位中輸入倒角，然後點選繼續按鈕。

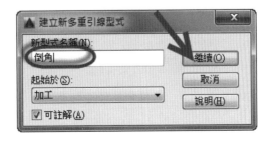

STEP 26

切換至內容頁籤。

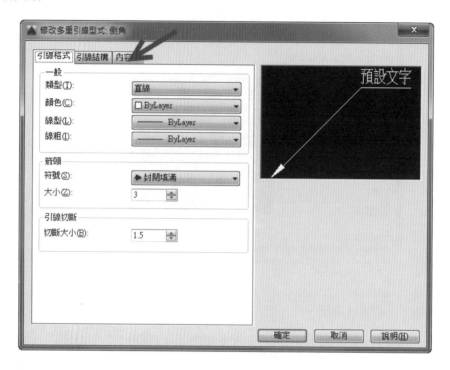

STEP 27

進行文字角度項目修改。

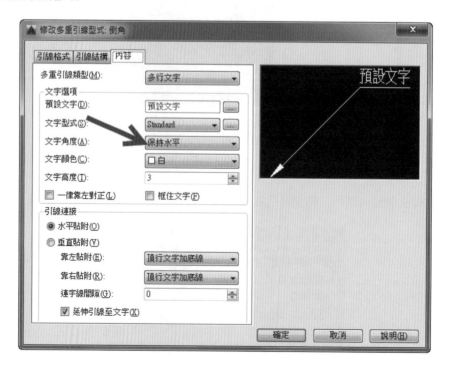

STEP 26

點選文字角度清單，選擇始終從右側讀取。

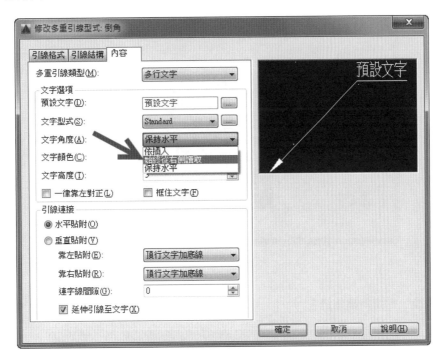

STEP 27

將文字角度修改完成後，點選確定按鈕。

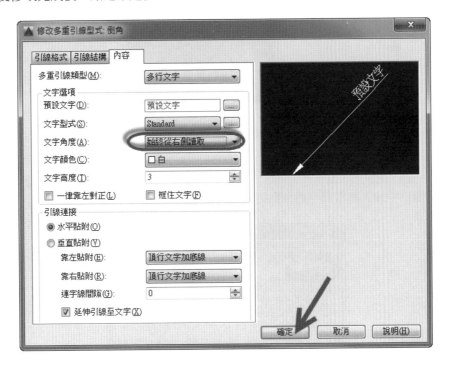

STEP 28

回到多重引線型是管理員，型式清單增加了倒角型式。

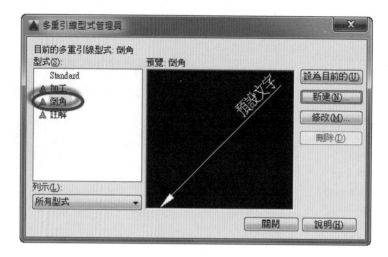

STEP 29

選取加工型式後，點選新建按鈕。

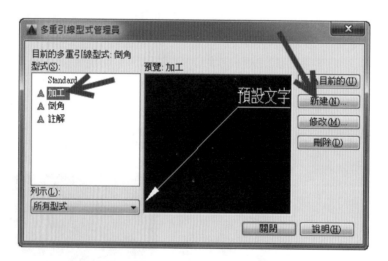

STEP 30

在新型式名稱欄位中輸入基準面，然後點選繼續按鈕。

STEP 31

切換至內容頁籤。

STEP 32

進行多重引線類型項目修改。

STEP 33

點選多重引線類型清單，選擇圖塊項目。

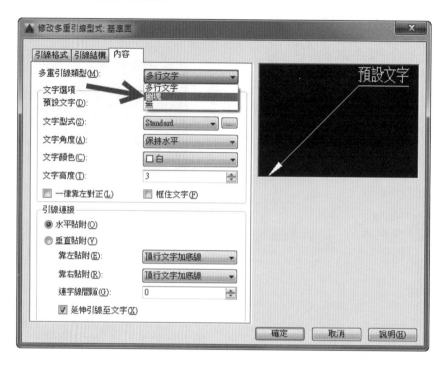

STEP 34

進行來源圖塊項目修改。

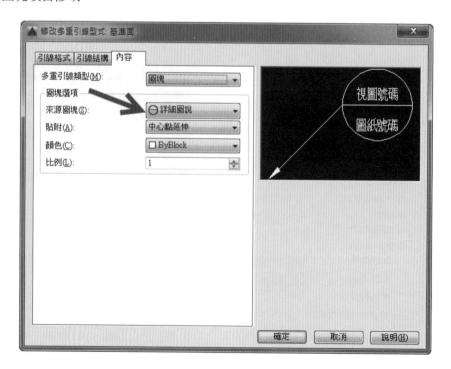

STEP 35

選取使用者圖塊。

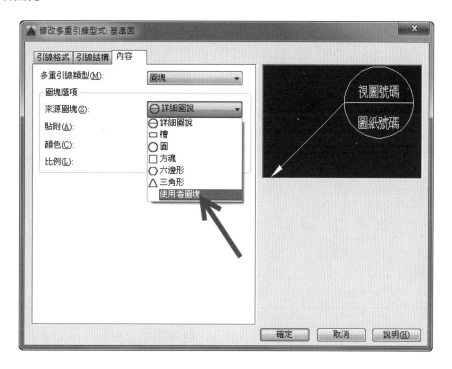

STEP 36

在選取自訂內容圖塊對話框中，選取 BASE 圖塊。

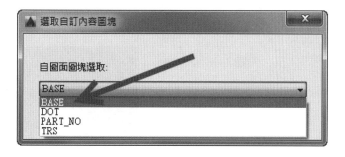

STEP 37

設定完成後，將進行貼附項目修改。

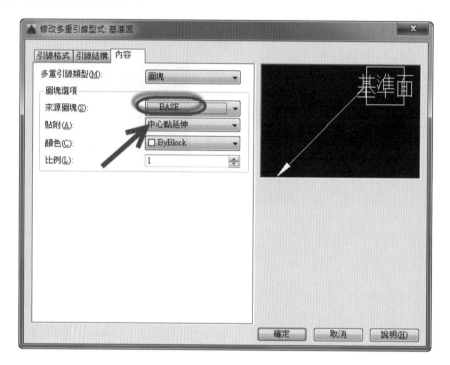

STEP 38

點選貼附項目清單，從清單中選取插入點。

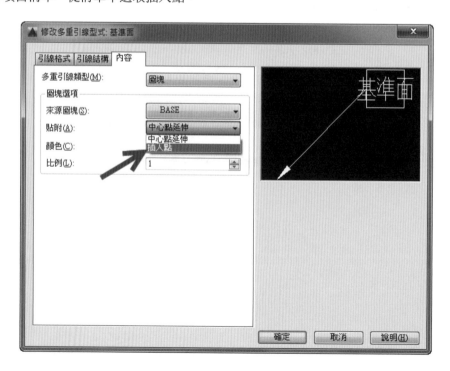

STEP 39

設定完成後，切換至引線格式頁籤。

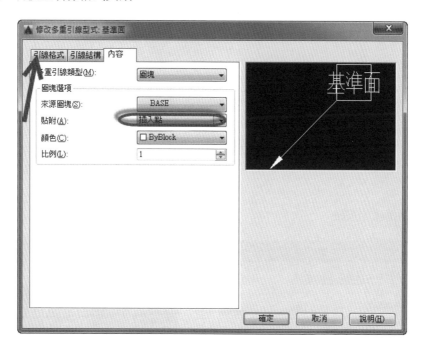

STEP 40

進行箭頭符號修改，在符號清單中選取使用者箭頭。

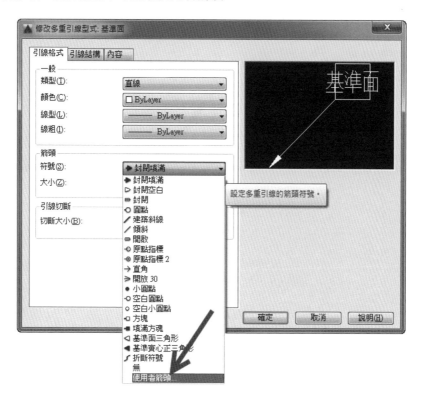

STEP 41

進入選取自訂箭頭圖塊對話框，在圖塊清單中選取 TRS 圖塊。

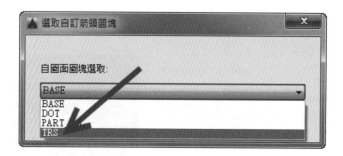

STEP 42

設定完成後，點選確定按鈕。

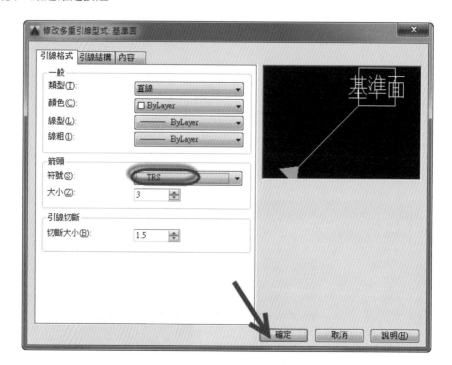

STEP 43

回到多重引線型是管理員，型式清單增加了基準面型式。

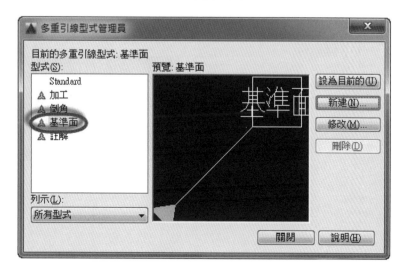

STEP 44

選取基準面型式後，點選新建按鈕。

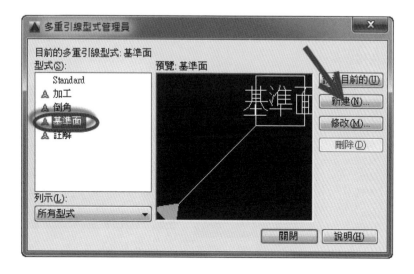

STEP 45

在新型式名稱欄位中輸入零件編號，然後點選繼續按鈕。

STEP 46

先進行箭頭符號修改。

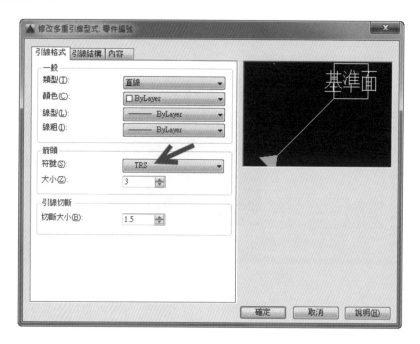

STEP 47

在符號清單中選取使用者箭頭。

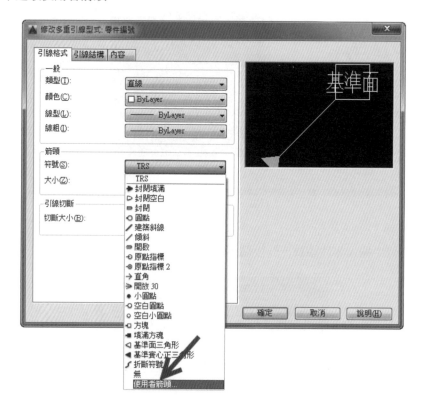

STEP 48

進入選取自訂箭頭圖塊對話框，點選圖塊清單。

STEP 49

進入選取自訂箭頭圖塊對話框，在圖塊清單中選取 DOT 圖塊。

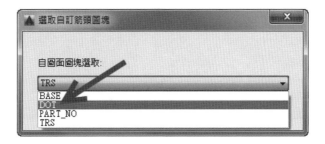

STEP 50

箭頭符號修改完成後，切換至內容頁籤。

STEP 51

進行來源圖塊項目修改。

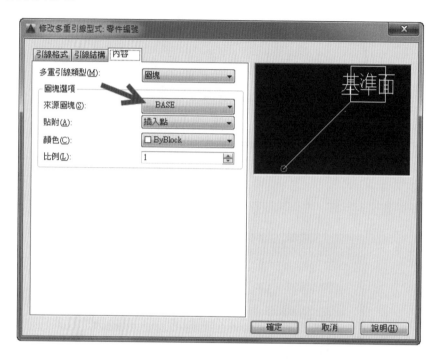

STEP 52

選取使用者圖塊。

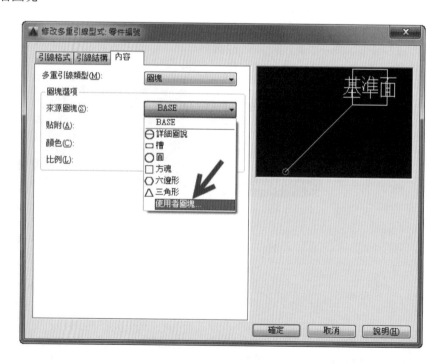

STEP 53

進入選取自訂箭頭圖塊對話框,點選圖塊清單。

STEP 54

在選取自訂內容圖塊對話框中,選取 PART_NO 圖塊。

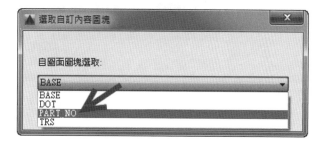

STEP 55

設定完成後,點選確定按鈕。

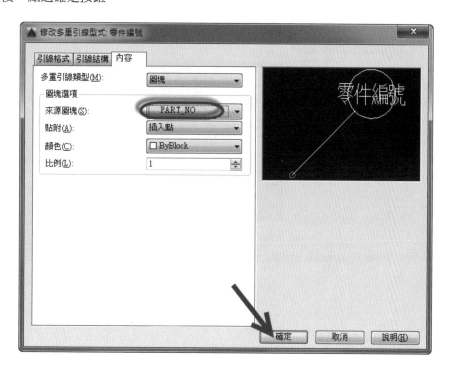

STEP 56

回到多重引線型是管理員，型式清單增加了 零件編號型式，接著點選加工型式，並點選設為目前的按鈕，再點選關閉按鈕。

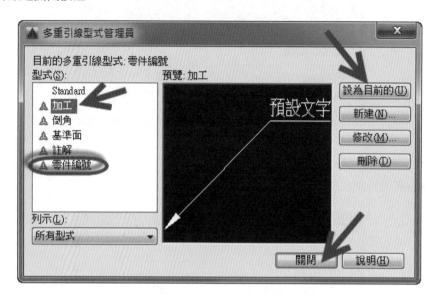

STEP 57

設定完成後，目前的多重引線型式預設為加工，將檔案存成樣板檔，命名為 CNS_ 模型 .dwt，使用配置設定者將檔案命名為 CNS_ 配置 .dwt。

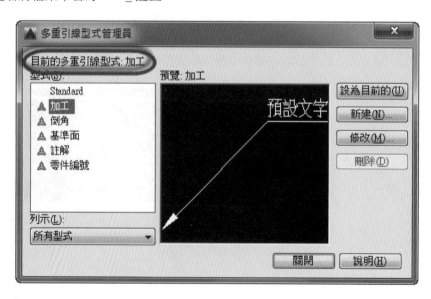

Section 5
紀要清單製作及系統路徑規劃

樣板製作完成後,接著要開始建立新的紀要清單,紀要清單必須將系統相關之資料夾設定在紀要清單中,以便將來可以移植至任何一台電腦,未來不需要每台電腦重新建立系統規劃,可以節省系統管理者的時間。

STEP 1

使用 Option 指令,進入選項對話框中,選取未具名紀要,並點選加入清單按鈕。

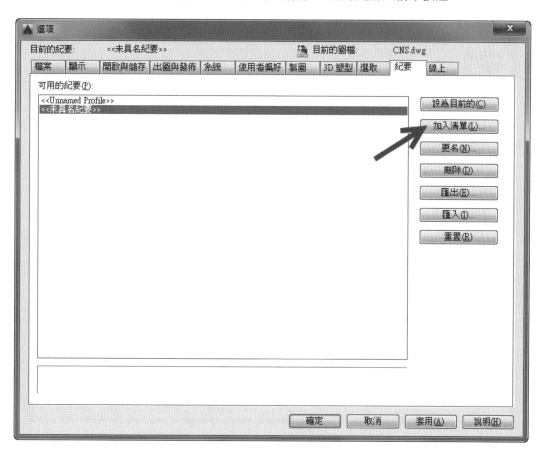

STEP 2

在加入紀要對話框中，輸入紀要名稱為 AutoCAD_working_system，然後點選套用並關閉按鈕。

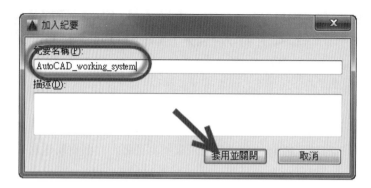

STEP 3

選取 AutoCAD_working_system，點選設為目前的按鈕。

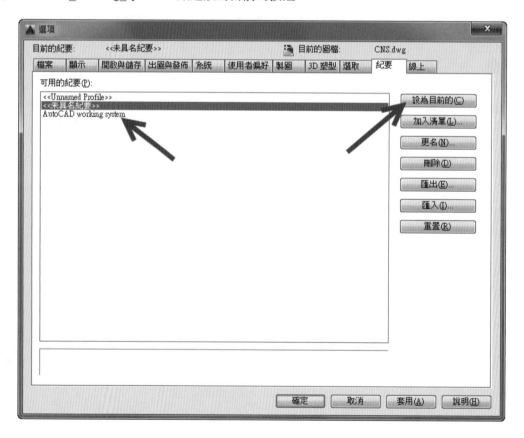

STEP 4

確認目前的紀要為 AutoCAD_working_system，並切換至檔案清單。

STEP 5

點選支援檔搜尋路徑，展開其清單內容。

STEP 6

點選加入按鈕，將 AutoCAD_working_system 資料夾中的其他資料夾設定至支援檔搜尋路徑清單中。

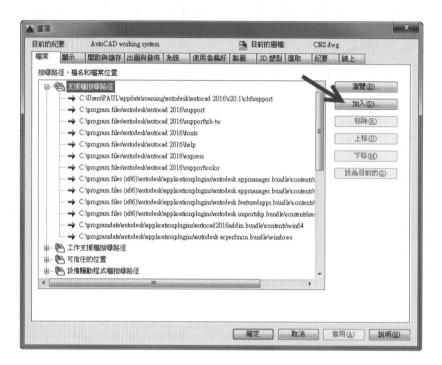

STEP 7

清單中會加入一空白路徑，點選瀏覽按鈕。

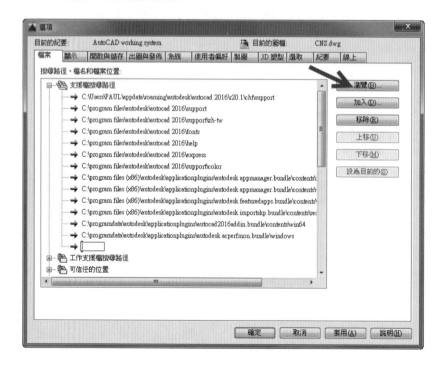

STEP 8

進入瀏覽料夾對話框中，選取 Template 資料夾後選取確定按鈕。

STEP 9

Template 資料夾加入清單中，接著點選加入按鈕。

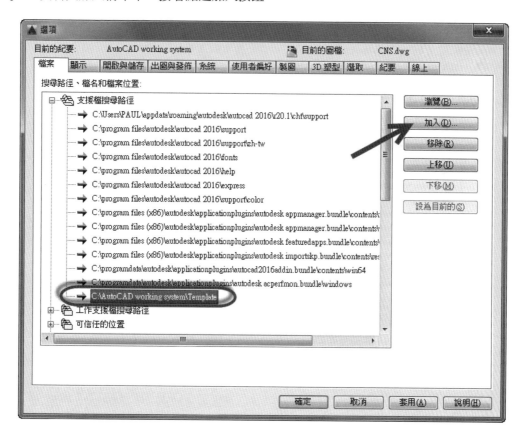

STEP 10

進入瀏覽料夾對話框中，選取 Linetype 資料夾後選取確定按鈕。

STEP 11

Linetype 資料夾加入清單中，接著點選加入按鈕。

STEP 12

進入瀏覽料夾對話框中，選取 Block 資料夾後選取確定按鈕。

STEP 13

Block 資料夾加入清單中，接著點選加入按鈕。

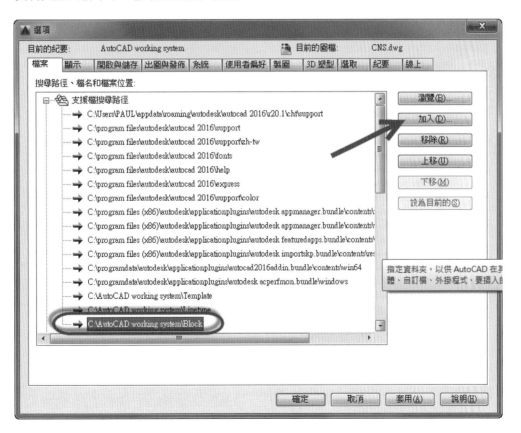

STEP 14

進入瀏覽料夾對話框中，選取 Border 資料夾後選取確定按鈕。

STEP 15

Border 資料夾加入清單中，接著點選加入按鈕。

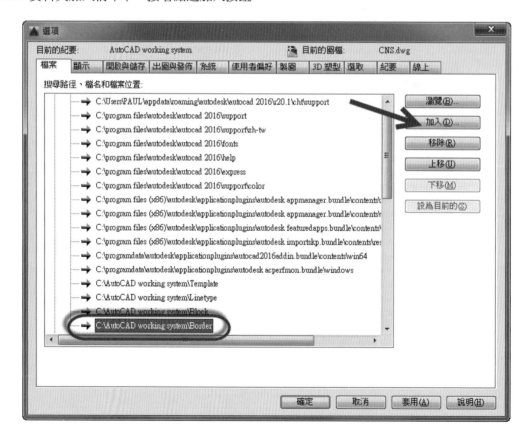

STEP 16

Lisp 資料夾加入清單中，接著點選加入按鈕。

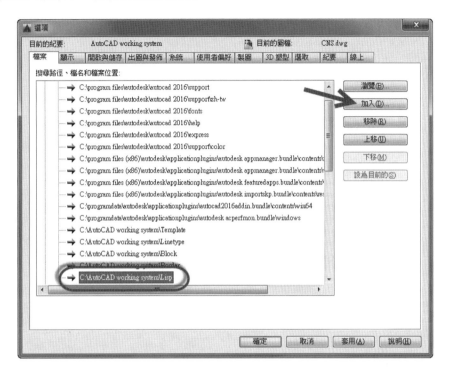

STEP 17

Image 資料夾加入清單中，接著點選加入按鈕。

STEP 18

將加入之資料夾上移至支援檔搜尋路徑清單之最前端。

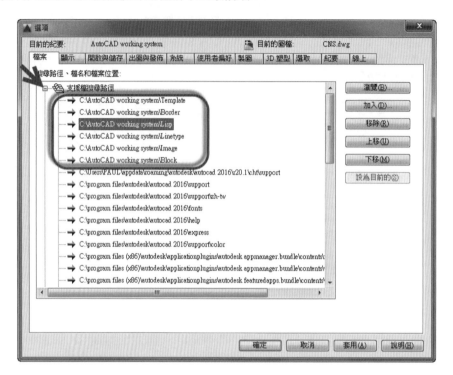

STEP 19

點選可信任的位置，展開其清單內容，點選瀏覽按鈕。

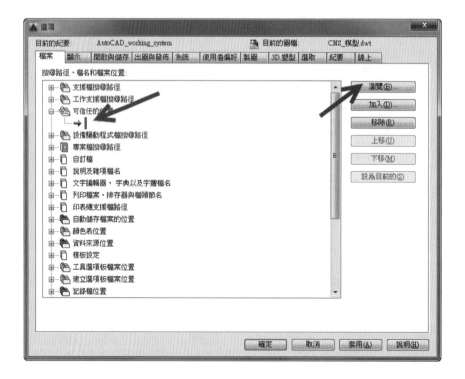

STEP 20

進入瀏覽料夾對話框中，選取 Lisp 資料夾後選取確定按鈕。

STEP 21

出現警告對話框，請直接點選繼續按鈕，完成可信任的位置設定。

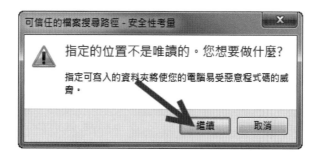

STEP 22

點選自定檔，展開其清單內容，選取原有之路徑，點選瀏覽按鈕。

STEP 23

進入 CUI 資料夾中，再進入 2016CUI 資料夾中，選取 Customize 資料夾並按下開啟按鈕。

STEP 24

選取 acad.cuix 檔案，點選開啟按鈕。

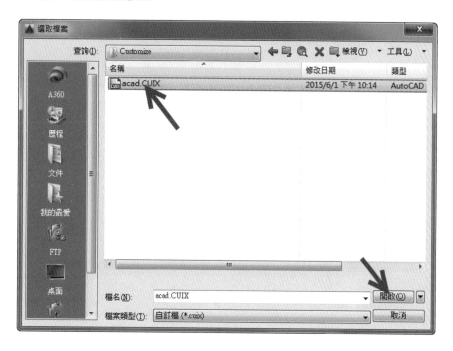

STEP 25

點選自訂圖示位置，選取原有之路徑後，再點選瀏覽按鈕。

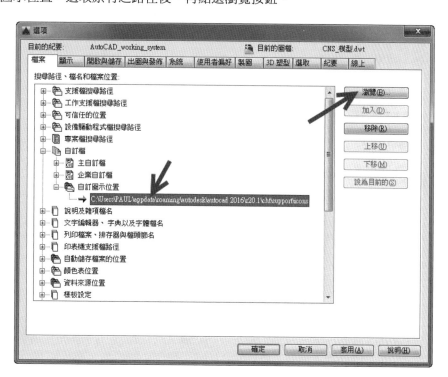

STEP 26

進入瀏覽料夾對話框中，選取 Image 資料夾後選取確定按鈕。

STEP 27

完成自訂圖示位置設定。

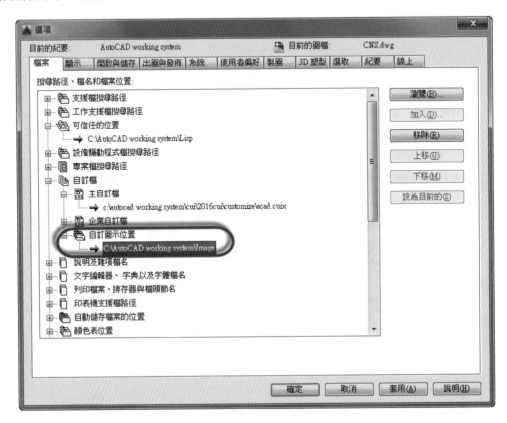

STEP 28

點選樣板設定,展開其清單內容,設定項目為圖面樣板檔位置及 QNEW 的預設樣板檔名兩項。

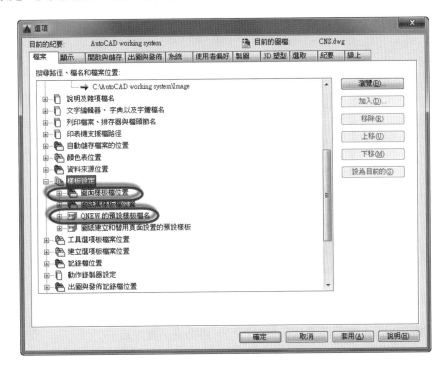

STEP 29

點選圖面樣板檔案位置預設路徑,再點選瀏覽按鈕。

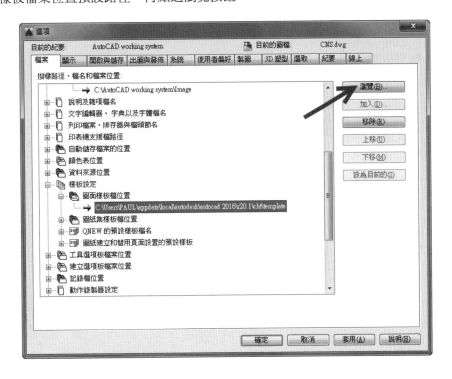

STEP 30

進入瀏覽料夾對話框中，選取 Template 資料夾後選取確定按鈕。

STEP 31

設定完成後再點選，QNEW 的預設樣板檔名項目，再點選瀏覽按鈕。

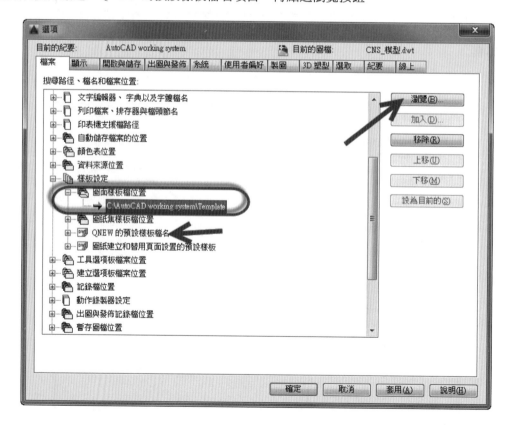

STEP 32

選取 CNS_ 模型 .dwt（模型空間使用）或選取 CNS_ 配置 .dwt（配置空間使用），再點選開啟按
鈕。

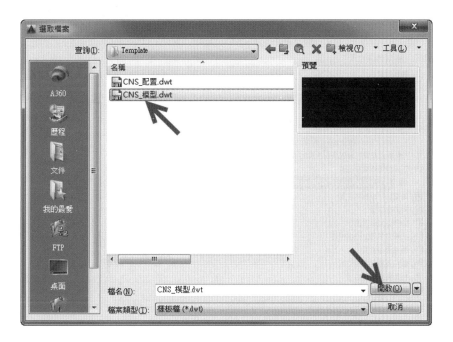

STEP 33

QNEW 的預設樣板檔名完成設定後，再進行工具選項板檔案位置設定。

STEP 34

點選工具選項板檔案位置預設路徑，先點選加入按鈕，再點選瀏覽按鈕。

STEP 35

進入瀏覽料夾對話框中，選取 Tool palatte 資料夾後選取確定按鈕。

STEP 36

工具選項板檔案位置完成設定後，再進行建立選項板檔案位置設定。

STEP 37

選取 Tool palatte 資料夾後，完成建立選項板檔案位置設定，並點選套用按鈕。

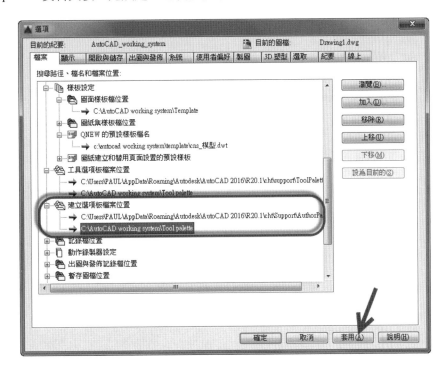

STEP 38

切換至紀要頁籤。

STEP 39

在紀要頁籤中，點選匯出按鈕。

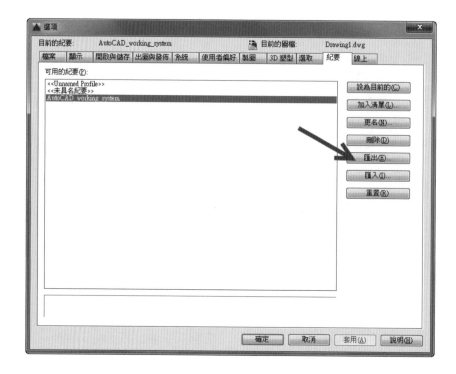

STEP 40

將匯出路徑指定至 Profile 資料夾，並點選儲存按鈕。

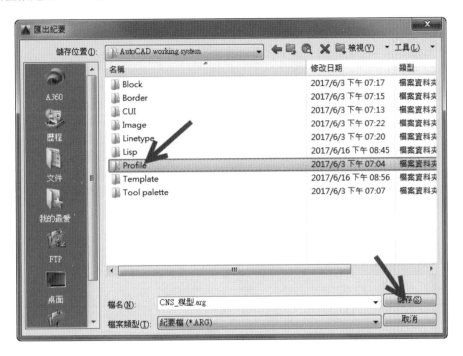

STEP 41

輸入紀要檔名稱為 AutoCAD_working_system，並點選儲存按鈕。

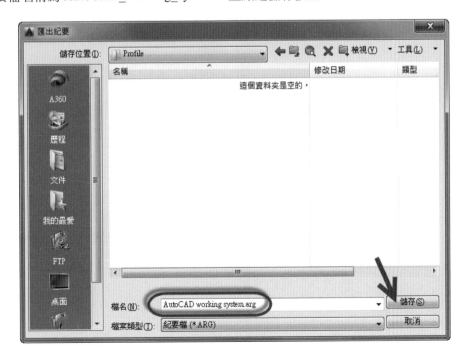

STEP 42

最後完成路徑規劃，按下確定按鈕。

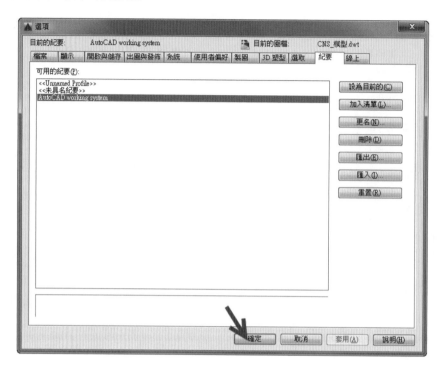

STEP 43

點桌面上 AutoCAD 之快捷圖示，建立一份
新的捷徑，選取內容後修改目標項目。

STEP 44

在原有設定路徑後方，輸入 / P AutoCAD_working_system，注意請勿加上 .arg，完成快捷圖製作，往後啟動 AutoCAD 時，請使用此快捷圖示，即可啟動本環境規劃功能。

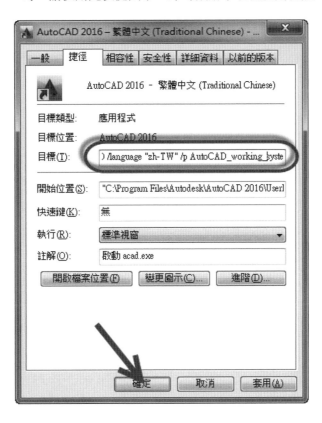

NOTE

PART 3

圖框及
標註符號設計

Section 1
圖框設計與製作

工程圖中圖框佔很重要一環，本章節將對圖框設計詳細說明與教學，讓各位讀者能輕鬆地依照書中步驟建立標準的工程圖專用圖框，製作圖框前必須先了解國家標準使用之圖紙規格，以便進行圖框設計。

1-1 圖紙規格

國家標準中規定使用之圖紙為 A 系列，規格為 A0 ~ A4，因此每一種圖紙規格正確尺寸必須掌握清楚，A0 圖紙尺寸為 1189 mm X 841 mm、A1 圖紙尺寸為 841 mm X 594 mm、A2 圖紙尺寸為 594 mm X 420 mm、A3 圖紙尺寸為 420 mm X 297 mm、A4 圖紙尺寸為 297 mm X 210 mm，熟悉每種圖紙規格尺寸後，接下來我們將針對 A3 規格進行圖框設計示範。

1-2 A 3 圖框設計

標準圖框必須包含線框、座標刻度、數字（X 軸）、字母（Y 軸）、圖框標題欄、機械加工無記號公差表、設計變更記錄表、零件資料欄，本節先針對圖框部份製作示範

STEP 1

建立新圖檔，樣板項目請選擇無樣板 - 公制，進行新圖檔開啟。

STEP 2

使用 Layer 指令，開啟圖層性質管理員，點選新建圖層按鈕，圖層命名為 BOR035，接著設定圖層顏色。

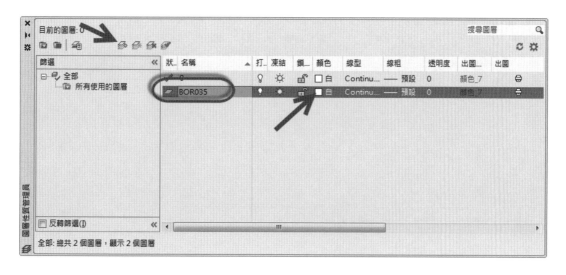

STEP 3

在顏色選取對話框中，選取索引色頁籤，再點選色盤中 142 號顏色，接著按確定按鈕結束對話框。

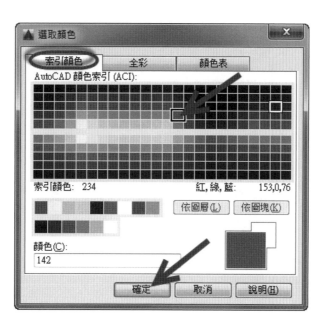

STEP 4

設定線粗項目，點選對話框中預設。

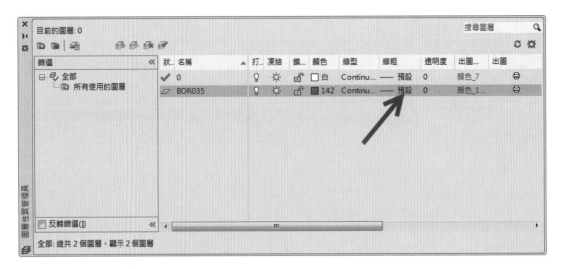

STEP 5

在線粗對話框中，點選 0.35 mm 為 BOR035 圖層之線粗，點選確定按鈕，結束線粗設定。

STEP 6

點選新建圖層按鈕，圖層命名為 BOR018，接著設定圖層顏色。

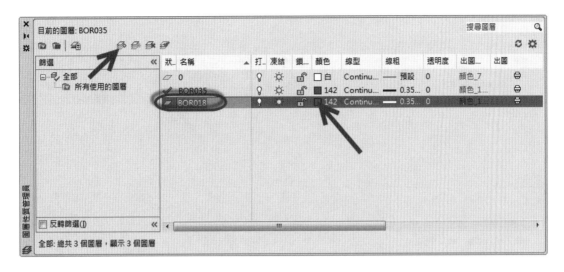

STEP 7

在顏色選取對話框中，選取索引色頁籤，再點選色盤中 30 號顏色，接著按確定按鈕結束對話框。

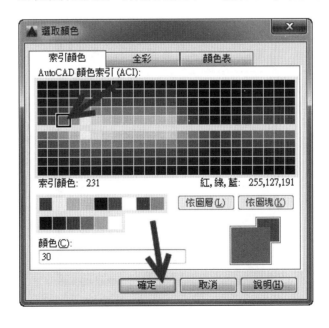

STEP 8

設定線粗項目，點選對話框中預設。

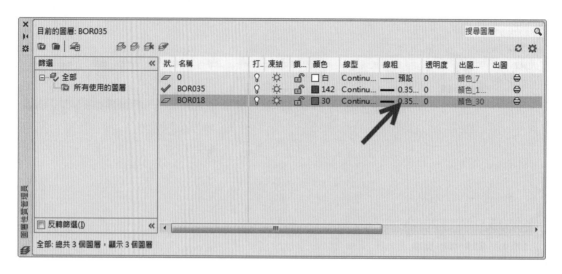

STEP 9

在線粗對話框中，點選 0.18 mm 為 BOR018 圖層之線粗，點選確定按鈕，結束線粗設定。

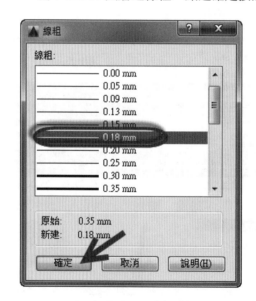

STEP 10

點選新建圖層按鈕，圖層命名為 BOR009，接著設定圖層顏色。

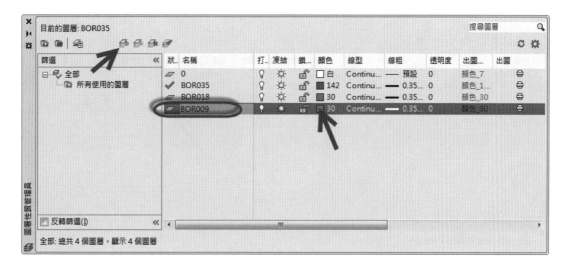

STEP 11

在顏色選取對話框中，選取索引色頁籤，再點選色盤中白色，接著按確定按鈕結束對話框。

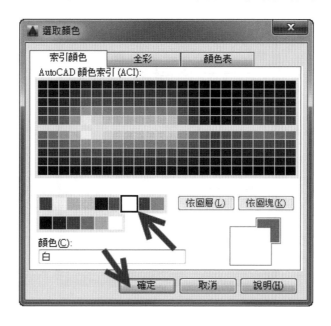

STEP 12

設定線粗項目，點選對話框中預設。

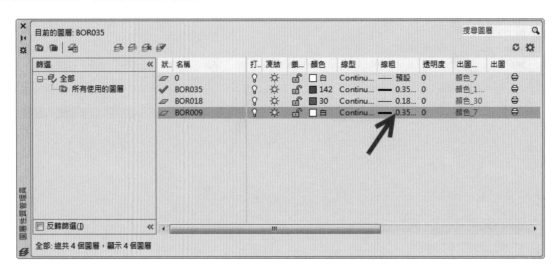

STEP 13

在線粗對話框中，點選 0.09mm 為 BOR009 圖層之線粗，點選確定按鈕，結束線粗設定。

STEP 14

建立完成個圖層後，點選左上角關閉按鈕。

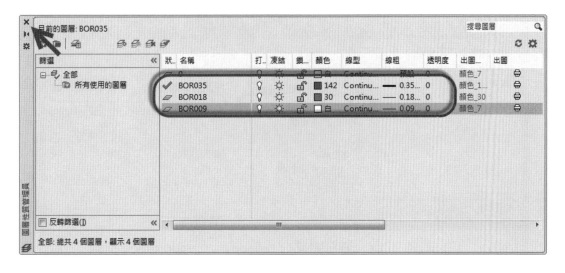

STEP 15

使用 Style 指令，選擇 Standard 型式進行設定，將字體名稱進行更改，並核取使用大字體。

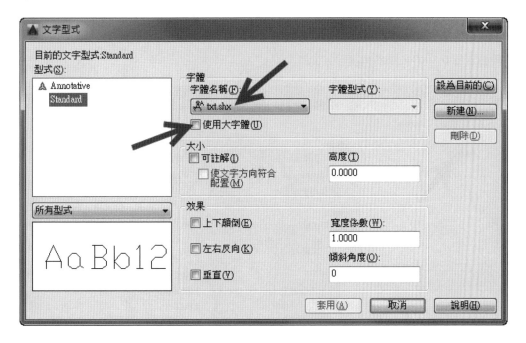

STEP 16

將字體名稱選擇 romans.shx，大字體選擇 chineset.shx。

STEP 17

寬度係數設定為 0.8000，傾斜角度設定為 5。

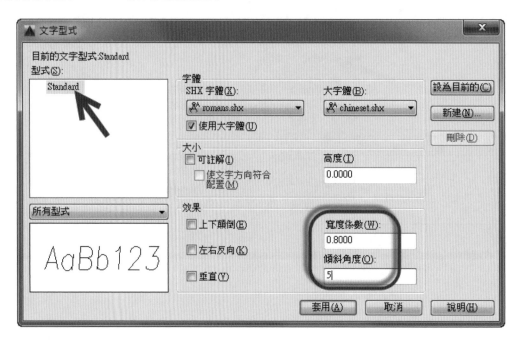

STEP 18

刪除文字型式 Annotative，點選確定按鈕。

STEP 19

刪除後清單中只剩 Standard 型式，點選關閉按鈕。

STEP 20

使用 Rectang 指令，第一點輸入 0 , 0，另一角點輸入@ 420 , 297，繪製一矩形，大小與 A3 圖紙相同。

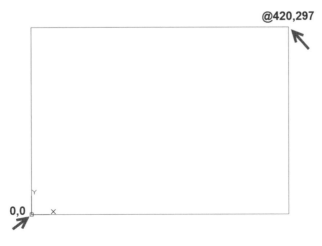

STEP 21

使用 Offset 指令，偏移距離為 10 mm，將前一步驟之矩形選取，並向內部偏移複製。

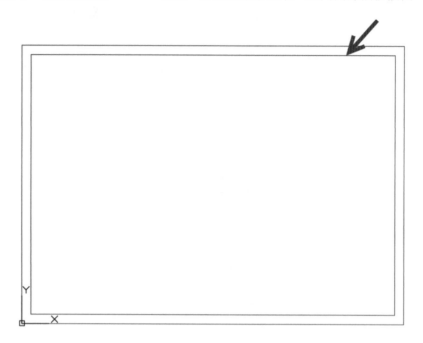

STEP 22

使用掣點，選取外側矩形，再按鍵盤上 DEL 鍵，將矩形刪除。

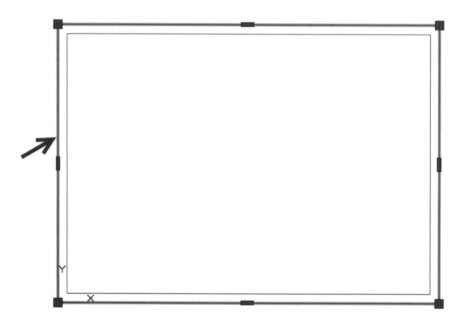

STEP 23

刪除完成後確認矩形左下角點為 10 , 10 之座標位置。

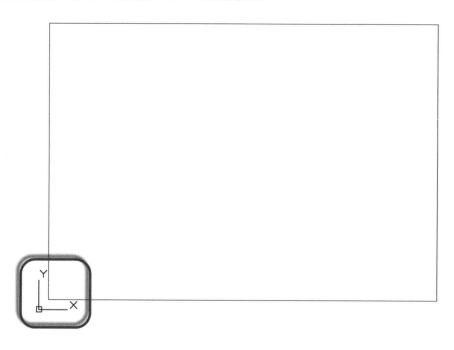

STEP 24

使用掣點，點選矩形左邊邊線，將邊線往右拉伸 5 mm。

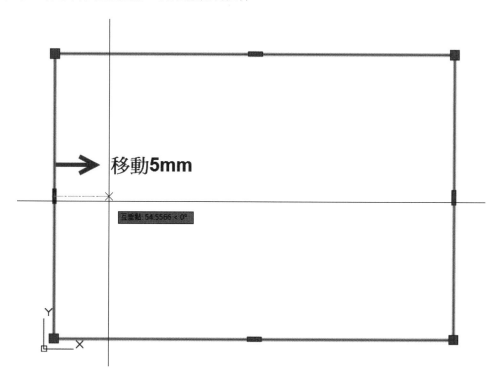

移動**5mm**

互垂點: 54.5566 < 0°

STEP 25

使用 Explode 指令，將矩形分解為一般線段。

STEP 26

使用 Divide 指令，將上方邊線進行等分為 16 等分。

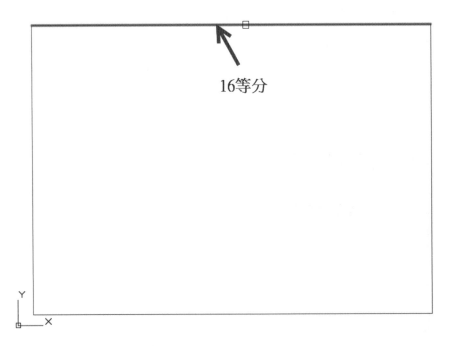

16等分

STEP 27

使用 Divide 指令，將左方邊線進行等分為 12 等分。

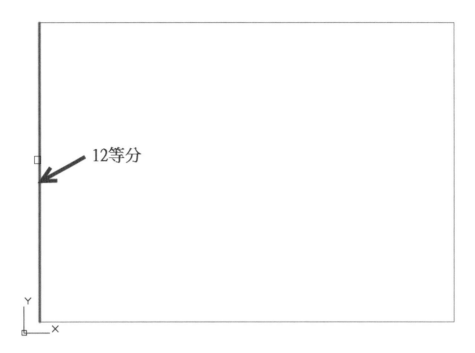

STEP 28

使用 Ptype 指令，設定點型式為下圖所示之型式。

STEP 29

修改後之矩形上方及左方邊線出現點型式符號，以便於製作刻度辨識節點位置使用。

STEP 30

使用 Line 指令，選擇第二個節點，繪製一條 5mm 長度之線段，往 90 度角方向。

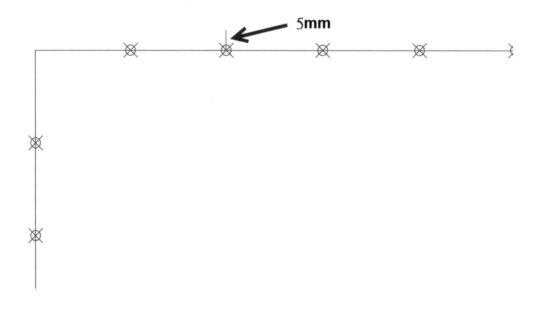

STEP 31

使用 Copy 指令，選取第一條刻度線，複製到偶數位置之節點上。

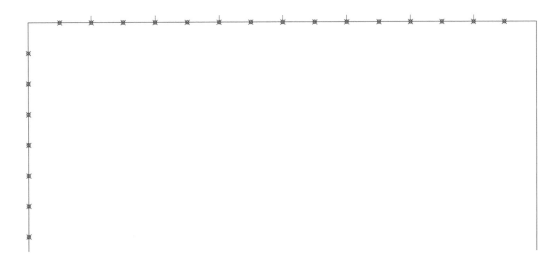

STEP 32

使用 Line 指令，選擇第二個節點，繪製一條 5mm 長度之線段，往 180 度角方向。

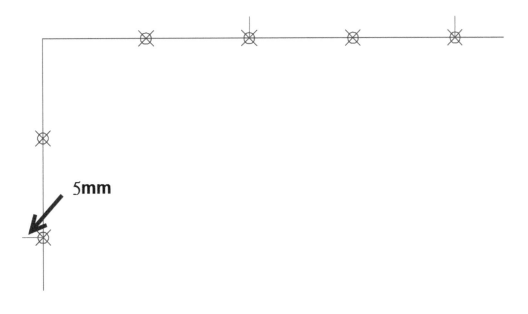

STEP 33

使用 Dtext 指令，對正方式設定為中下，以節點為基準點，向上 1.5mm 輸入文字。

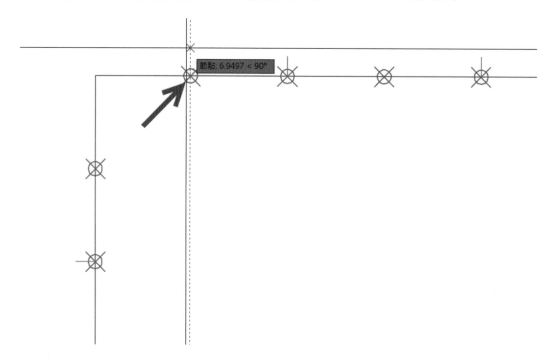

STEP 34

輸入文字為 1。

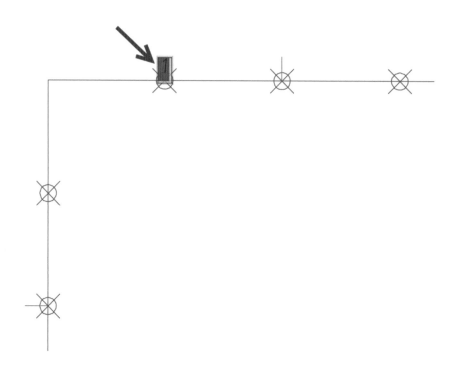

STEP 35

依序在奇數節點上，輸入文字 1~8。

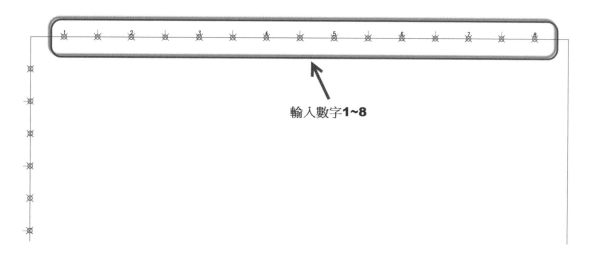

輸入數字**1~8**

STEP 36

使用 Dtext 指令，對正方式設定為右中，以節點為基準點，向左 1.5mm 輸入文字。

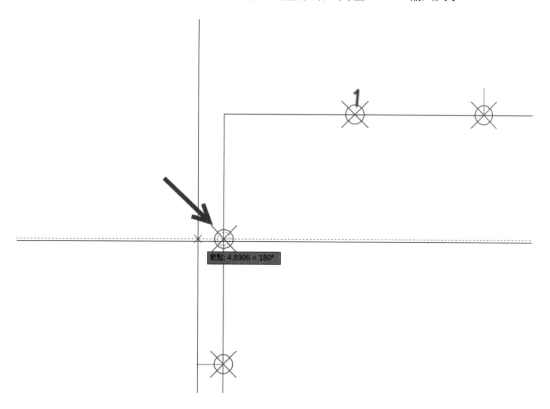

STEP 37

依序在奇數節點上，輸入文字 A~F。

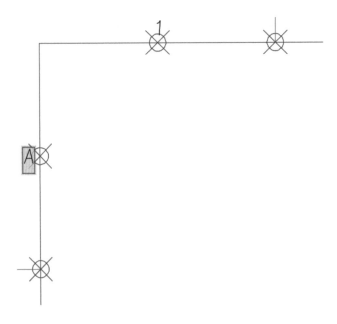

STEP 38

使用 Qselect 指令，在物件類型項目選取點，再點選確定按鈕。

STEP 39

此時所有節點被選取，在按下鍵盤上 Delete 鍵進行刪除。

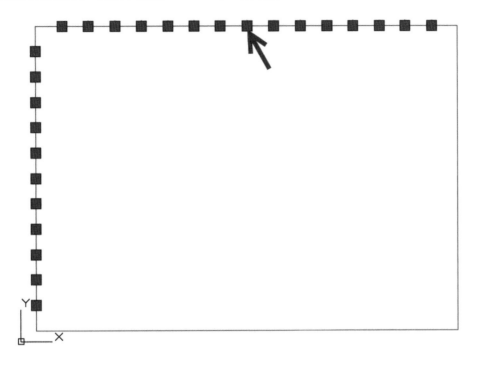

STEP 40

完成左側及上方座標字母及數字標示。

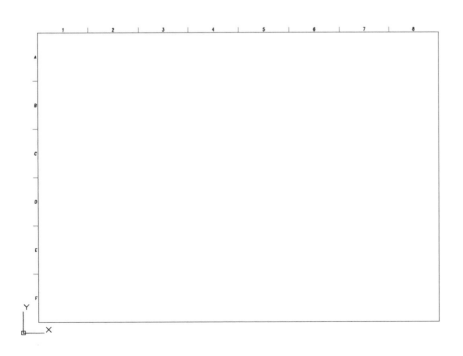

使用 Ptype 指令，設定點型式為下圖所示之型式。

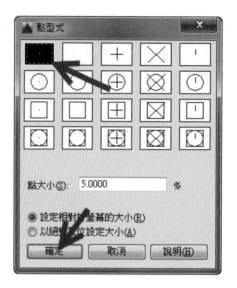

STEP 42

將上方邊線上中點處之刻度，使用掣點向下拉伸增長 5 mm。

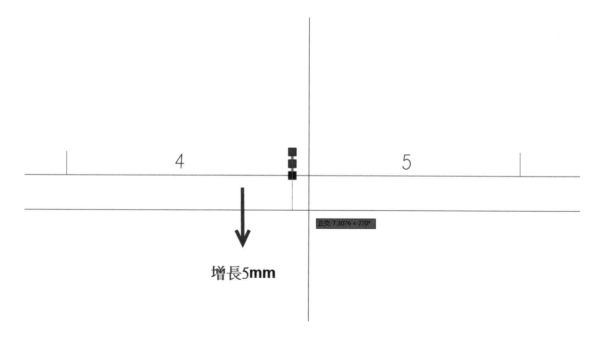

STEP 43

調整完成後，如下圖所示。

STEP 44

將左方邊線上中點處之刻度，使用掣點向右拉伸增長 5 mm。

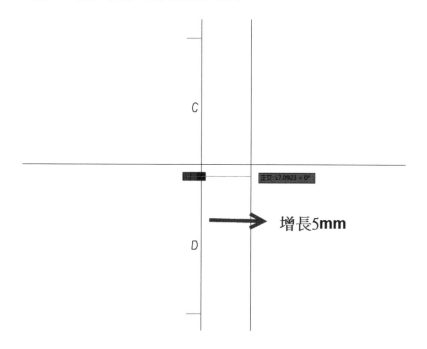

STEP 45

調整完成後，如下圖所示。

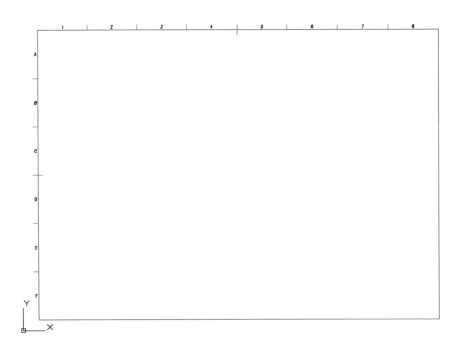

STEP 46

將左方邊線上之刻度，使用 Mirror 指令，鏡射至右側。

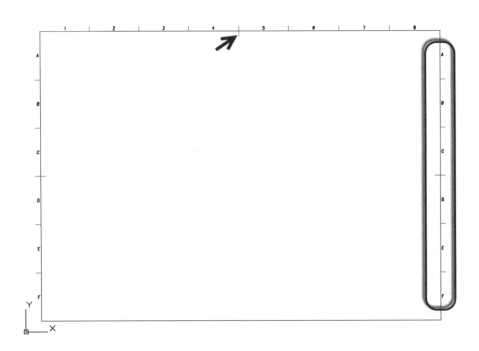

STEP 47

將上方邊線上之刻度，使用 Mirror 指令，鏡射至下方。

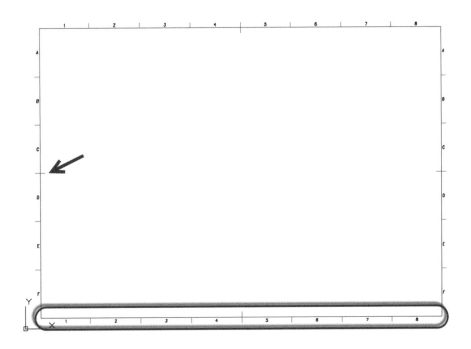

STEP 48

完成圖框設計，其他規格圖紙依照步驟 1~48，依序完成所有規格圖框製作。

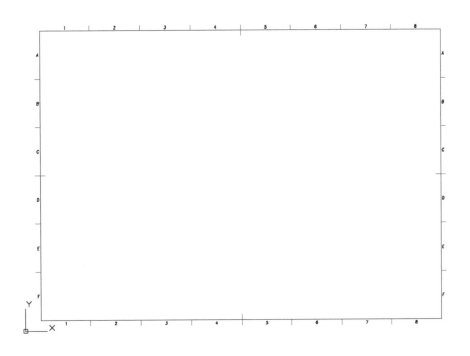

Section 2
圖框標題欄設計與製作

圖框中最重要的是標題欄的設計，本章節將對圖框標題欄設計詳細說明與教學，讓各位讀者能輕鬆地依照書中步驟建立標準的圖框標題欄。本圖框標題欄是依據 ISO 標準設計，欄位設計可依照各公司使用需求進行調整，但是有幾個欄位是標準圖框標題欄一定要有的設計。下列幾項為必須擁有的欄位，設計、認可、檔名、比例、角法、單位、頁次這幾個欄位是標題欄中必需要的需求，其餘可以依照不同需求斟酌，圖框標題欄設置的位置必須在圖框之右下角，將來裝訂成冊時查閱比較方便，接著開始設計圖框標題欄，請依照標題欄尺寸完成設計。

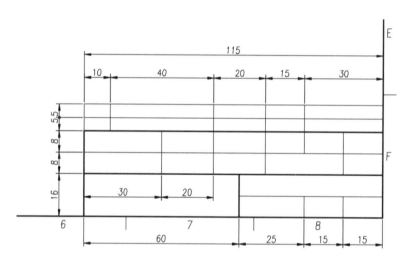

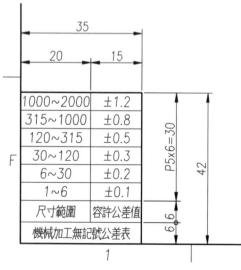

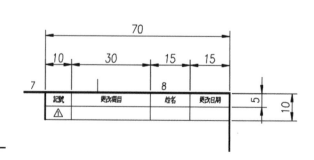

STEP 1

使用 Line 指令，以圖框右下角為基準，往 90 度方向物件鎖點追蹤 8 mm。

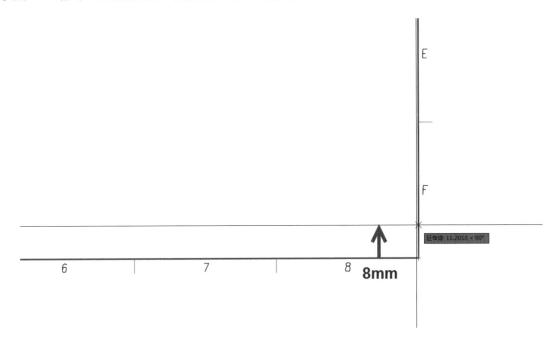

STEP 2

往 180 度方向，繪製一條長 115 mm 之線段。

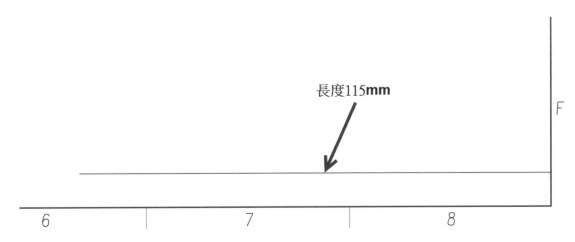

STEP 3

使用 Offset 指令，距離 8 mm，往 90 度方向偏移複製四條水平線。

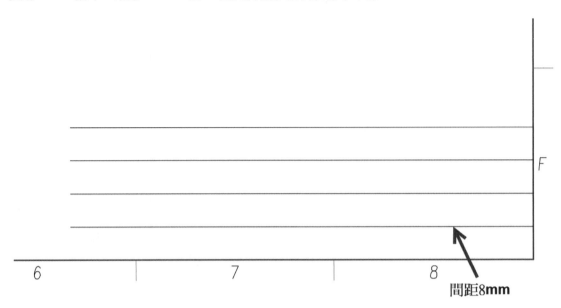

STEP 4

在左側繪製一條垂直線連接於圖框邊線上，將圖片中箭頭指示之線段，變更至 BOR035 圖層。

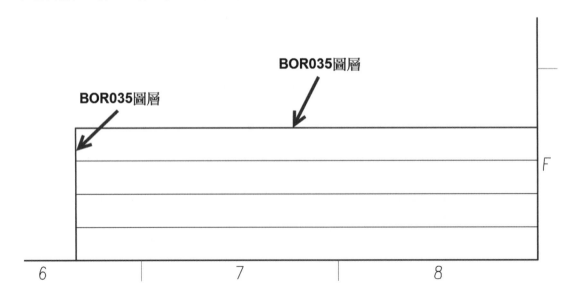

STEP 5

將圖片中箭頭指示之線段，變更至 BOR035 圖層。

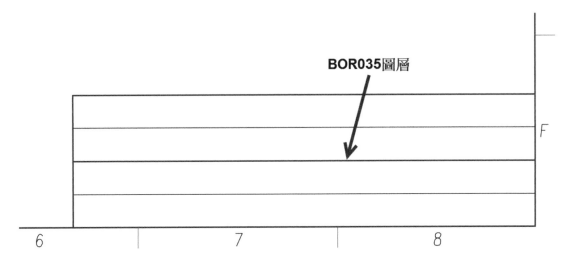

STEP 6

使用 Line 指令，往 0 度方向物件鎖點追蹤 60 mm。

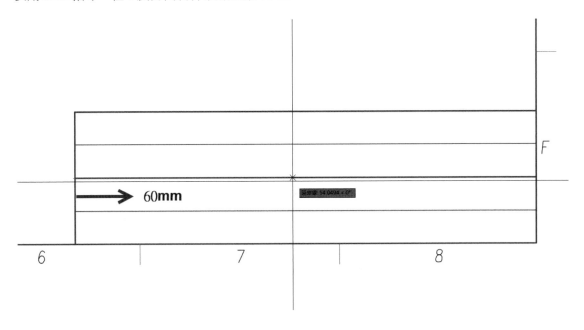

STEP 7

繪製一條垂直線連接於圖框邊線上，將圖片中箭頭指示之線段，並設定至 BOR035 圖層。

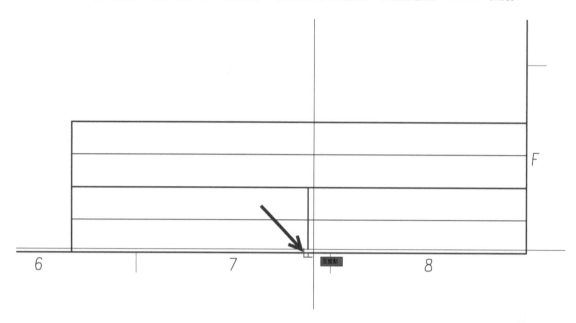

STEP 8

使用掣點之拉伸，將線條進行編輯調整。

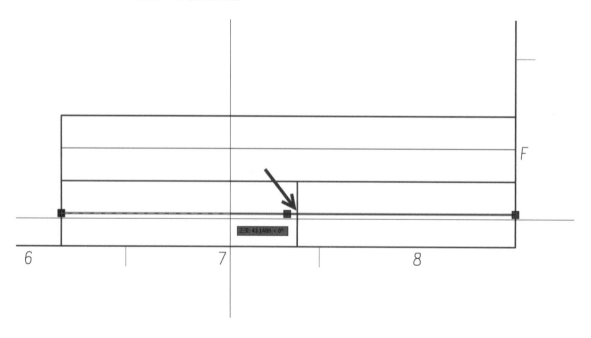

STEP 9

將線條拖曳至垂直線互垂點位置。

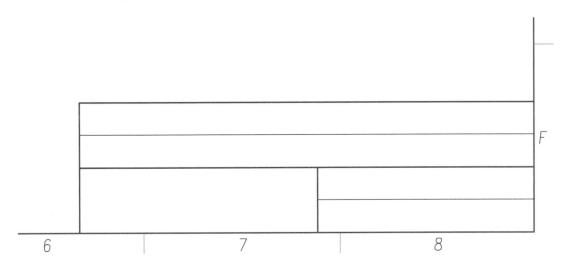

STEP 10

使用 Line 指令,往 0 度方向物件鎖點追蹤 25 mm。

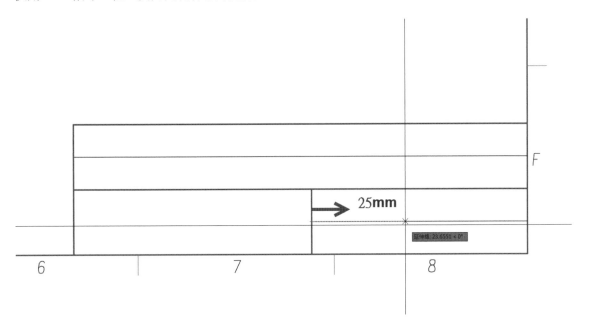

STEP 11

繪製一條垂直線連接於圖框邊線上，繼續使用 Line 指令，往 0 度方向物件鎖點追蹤 15 mm。

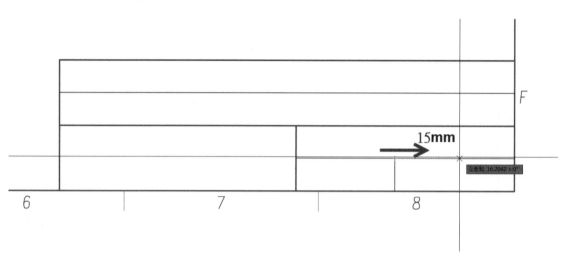

STEP 12

繪製一條垂直線連接於圖框邊線上。

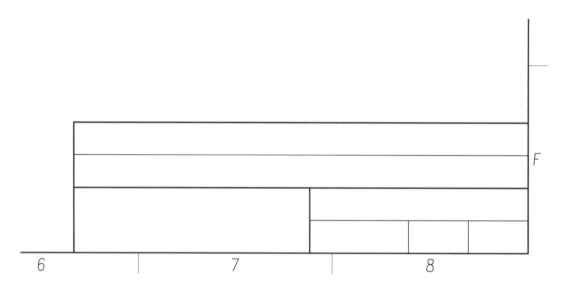

STEP 13

使用 Line 指令，往 0 度方向物件鎖點追蹤 30 mm，繪製一條垂直線連接於圖框邊線上。

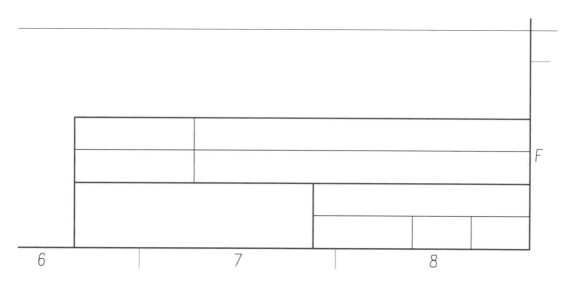

STEP 14

使用 Line 指令，往 0 度方向物件鎖點追蹤 20 mm。

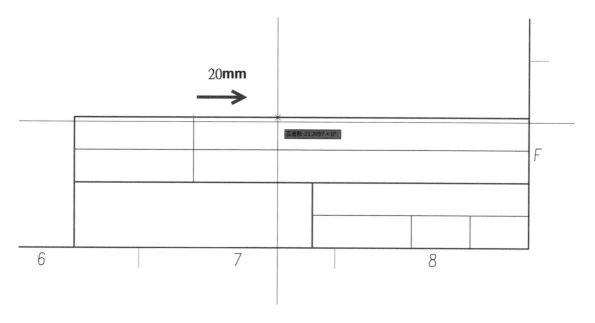

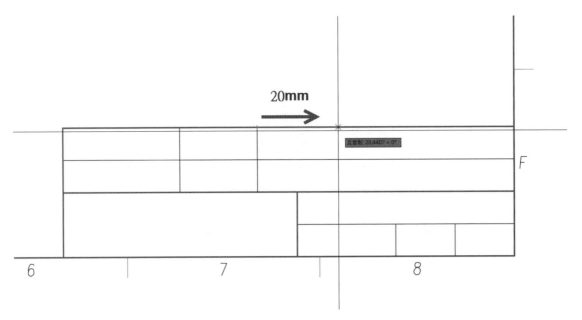

STEP 15

繪製一條垂直線連接於邊線上。

STEP 16

使用 Line 指令，往 0 度方向物件鎖點追蹤 20 mm，繪製一條垂直線連接於圖框邊線上。

20mm

STEP 17

繪製一條垂直線連接於邊線上。

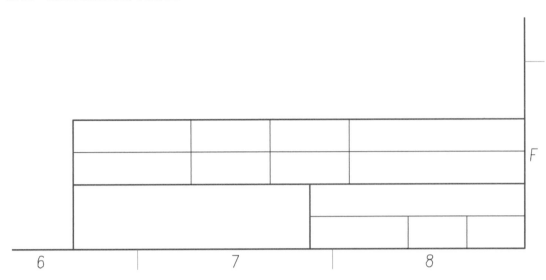

STEP 18

繪製一條垂直線連接於邊線上。

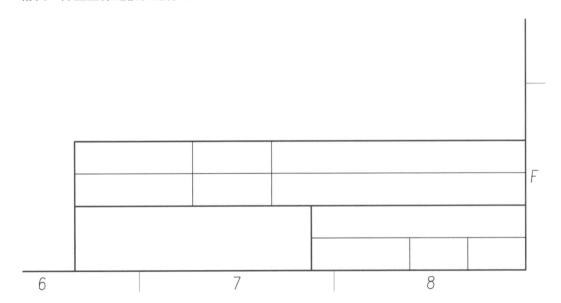

STEP 19

使用 Line 指令，往 0 度方向物件鎖點追蹤 20 mm，繪製一條垂直線連接於圖框邊線上。

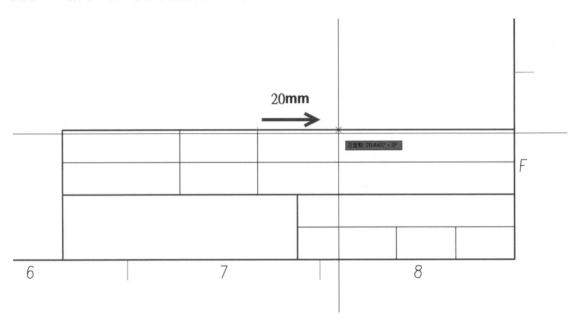

STEP 20

繪製一條垂直線連接於邊線上。

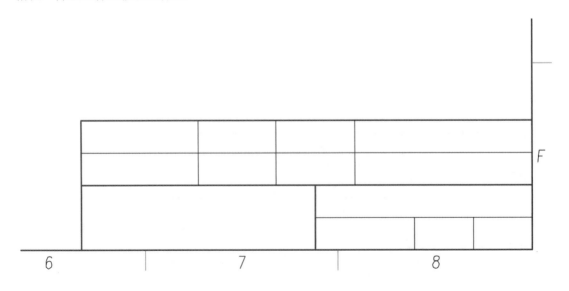

STEP 21

使用 Line 指令，往 0 度方向物件鎖點追蹤 15 mm。

STEP 22

繪製一條垂直線連接於邊線上。

STEP 23

使用 Line 指令，往 0 度方向物件鎖點追蹤 15 mm。

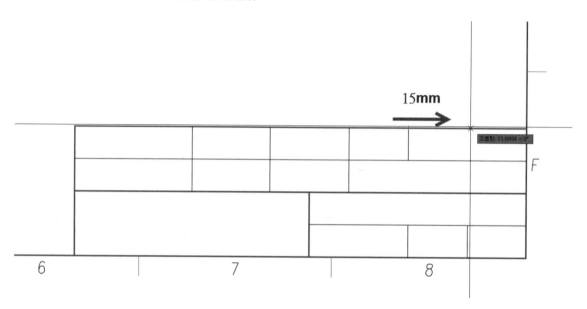

STEP 24

繪製一條垂直線連接於邊線上。

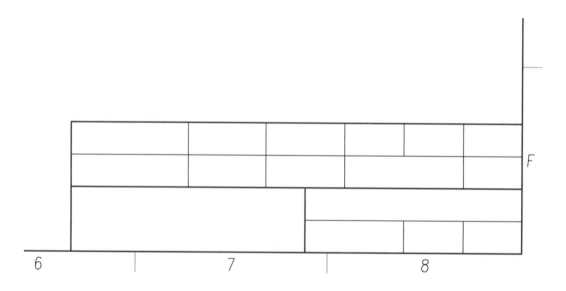

STEP 25

使用 Line 指令，往 0 度方向繪製一條 15 mm 框線。

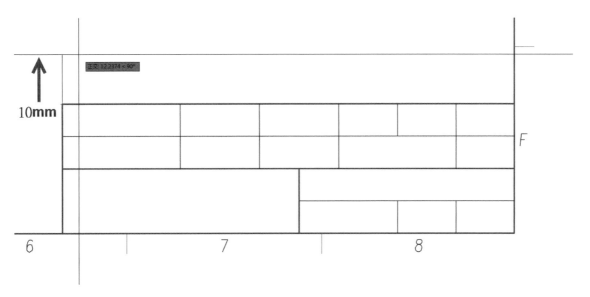

STEP 26

繼續往 0 度方向，繪製一條垂直線連接於邊線上。

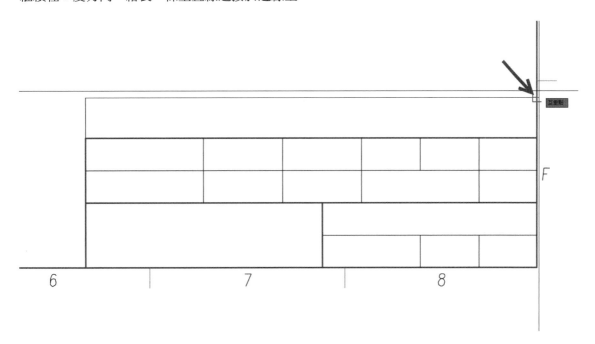

STEP 27

以左邊邊線中點為起點，繪製一條垂直線連接於圖框邊線上。

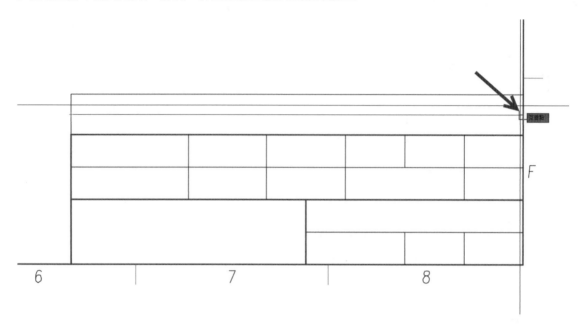

STEP 28

使用 Line 指令，往 0 度方向物件鎖點追蹤 10 mm。

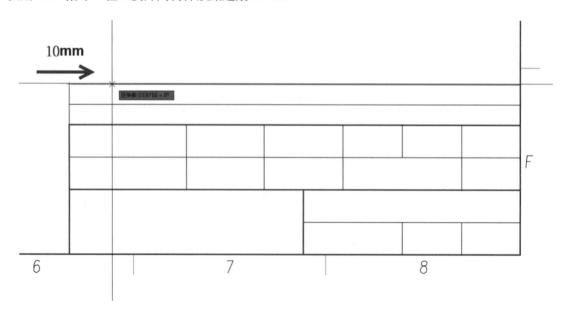

STEP 29

繪製一條垂直線連接於下方邊線上。

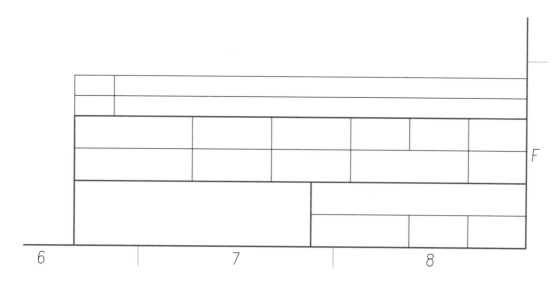

STEP 30

使用 Line 指令,往 0 度方向物件鎖點追蹤 40 mm。

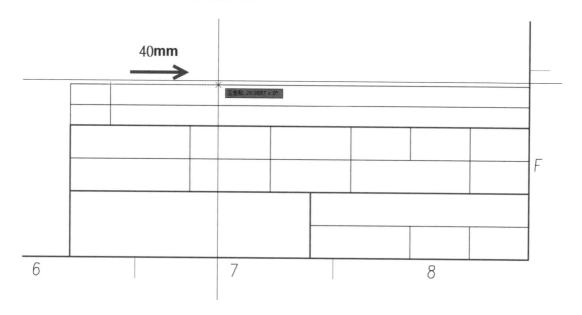

STEP 31

繪製一條垂直線連接於下方邊線上。

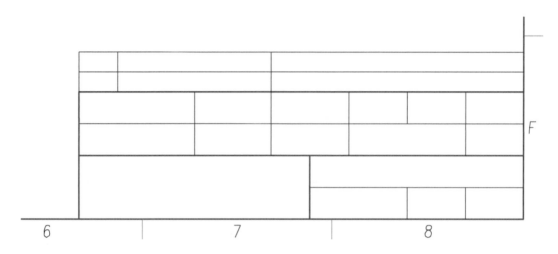

STEP 31

使用掣點拉伸功能，將下方框線調整至上方邊線上。

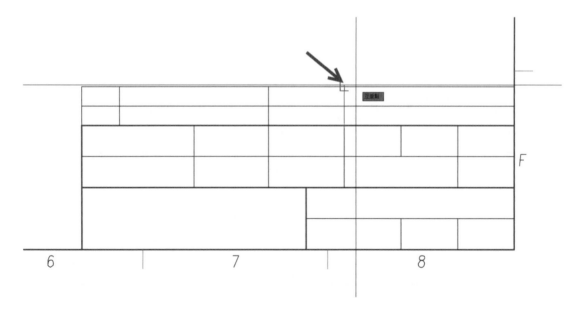

STEP 32

完成調整後之框線。

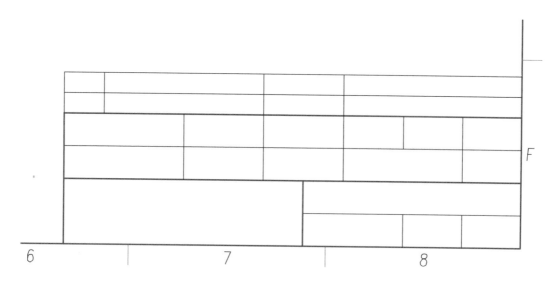

STEP 33

使用掣點拉伸功能，將下方框線調整至上方邊線上。

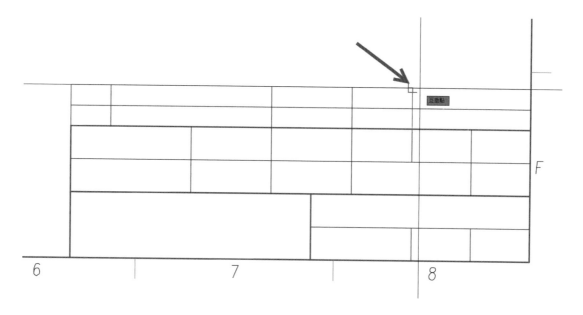

STEP 34

使用 Dtext 指令，對正方式：正中、字高：3 mm，基準點選擇欄位正中位置，輸入件號。

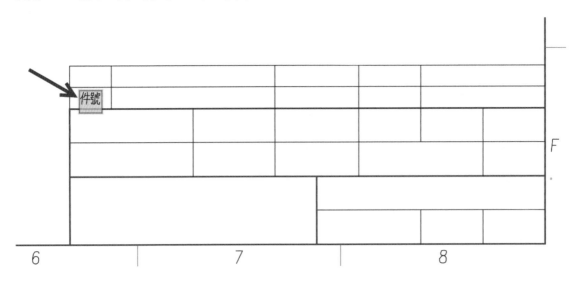

STEP 35

使用 Dtext 指令，對正方式：正中、字高：3 mm，基準點選擇欄位正中位置，輸入零件名稱。

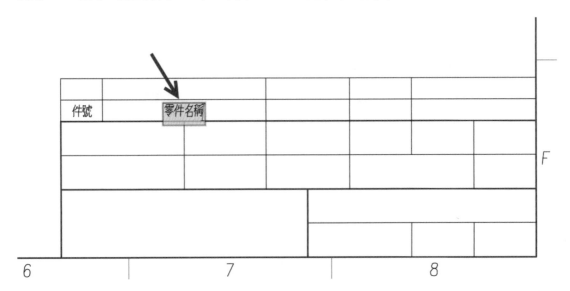

STEP 36

使用 Dtext 指令，對正方式：正中、字高：3 mm，基準點選擇欄位正中位置，輸入材質。

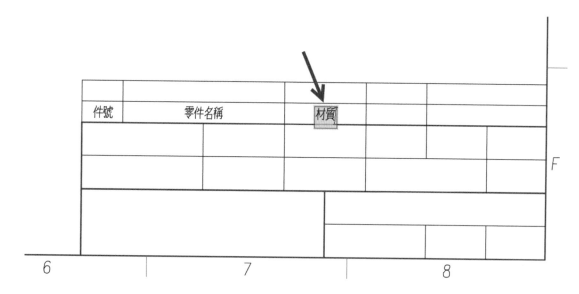

STEP 37

使用 Dtext 指令，對正方式：正中、字高：3 mm，基準點選擇欄位正中位置，輸入數量。

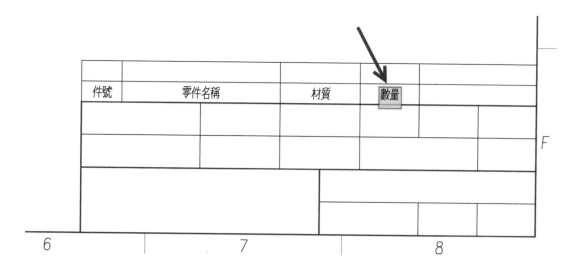

STEP 38

使用 Dtext 指令，對正方式：正中、字高：3 mm，基準點選擇欄位正中位置，輸入廠商資料。

件號	零件名稱	材質	數量	廠商資料

6　　　　　　　　7　　　　　　　　8

STEP 39

使用 Dtext 指令，對正方式：左上、字高：2.5 mm，基準點選擇欄位左上角 X 軸距離 ＝ 0.5、Y 軸距離 ＝ 0.5，輸入客戶。

件號	零件名稱	材質	數量	廠商資料
客戶				

6　　　　　　　　7　　　　　　　　8

STEP 40

使用 Copy 指令，基準點選擇客戶欄位左上角點位置，複製到下圖所示之欄位。

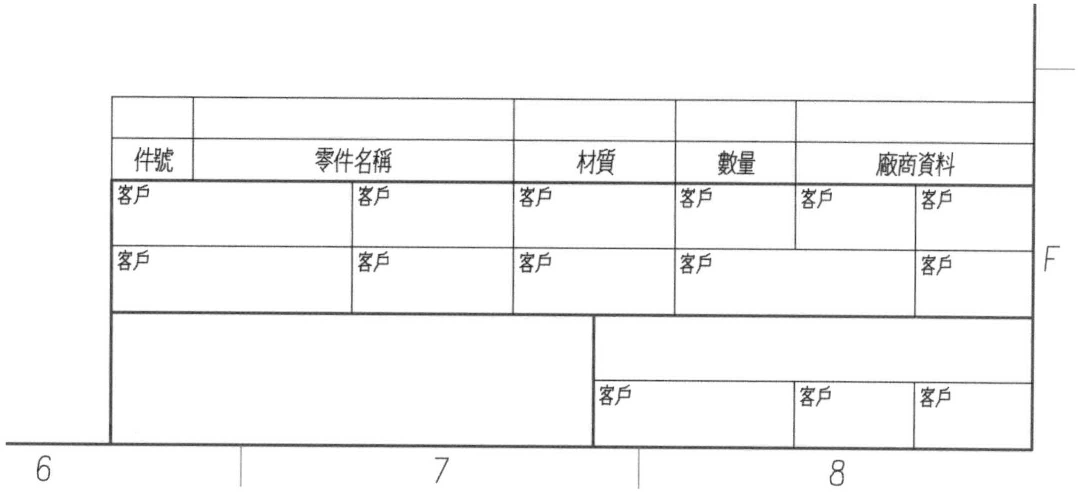

件號	零件名稱		材質	數量	廠商資料	
客戶		客戶	客戶	客戶	客戶	客戶
客戶		客戶	客戶	客戶		客戶
			客戶		客戶	客戶

6　　　　　　　7　　　　　　　8

STEP 41

修改如圖所示欄位標題，將客戶修改為訂單編號。

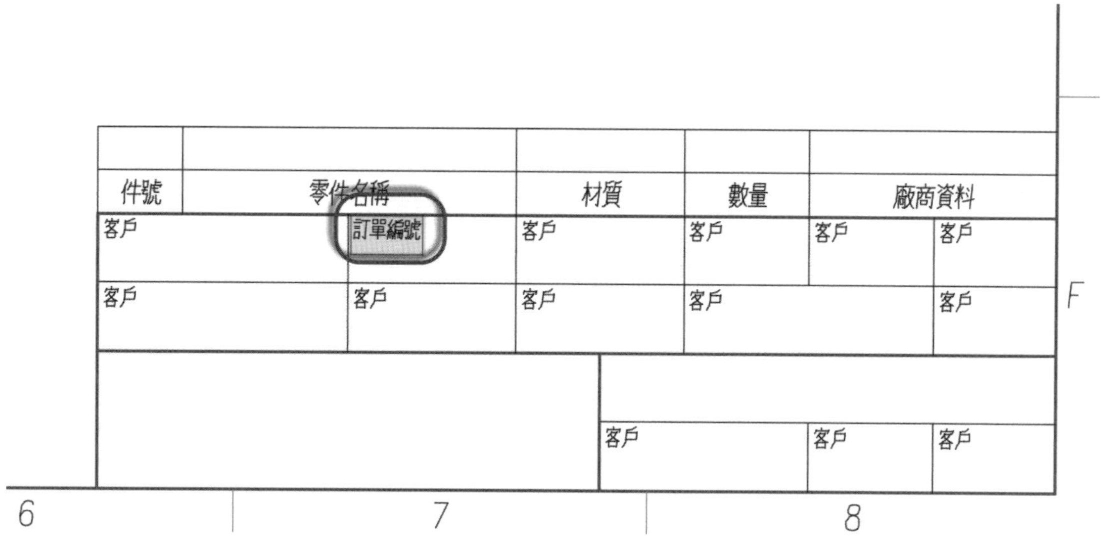

件號	零件名稱		材質	數量	廠商資料	
客戶	訂單編號		客戶	客戶	客戶	客戶
客戶		客戶	客戶	客戶		客戶
			客戶		客戶	客戶

6　　　　　　　7　　　　　　　8

STEP 42

修改如圖所示欄位標題，將客戶修改為檔名。

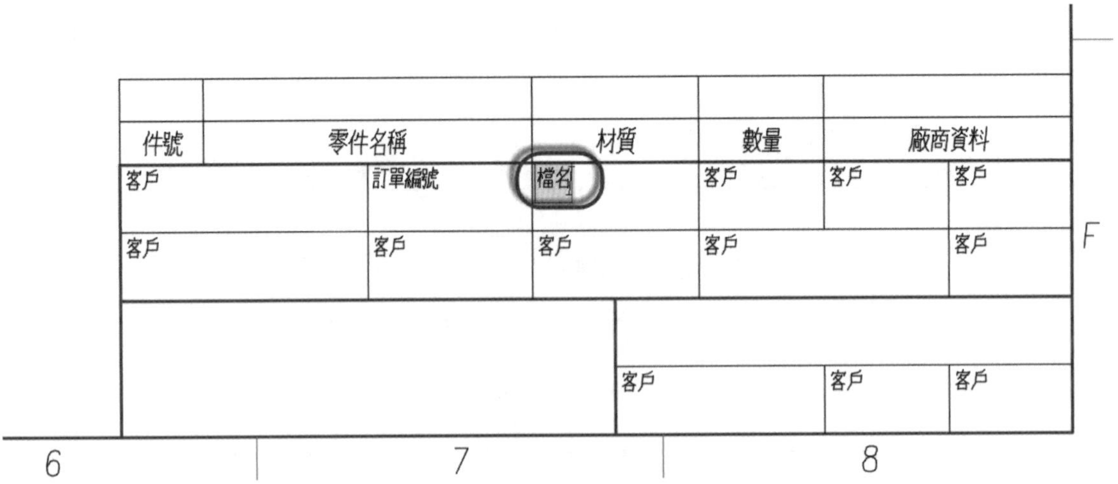

件號	零件名稱		材質	數量	廠商資料	
客戶		訂單編號	檔名	客戶	客戶	客戶
客戶		客戶	客戶	客戶		客戶
				客戶	客戶	客戶

6　　　　　　　7　　　　　　　8

STEP 41

修改如圖所示欄位標題，將客戶修改為角法。

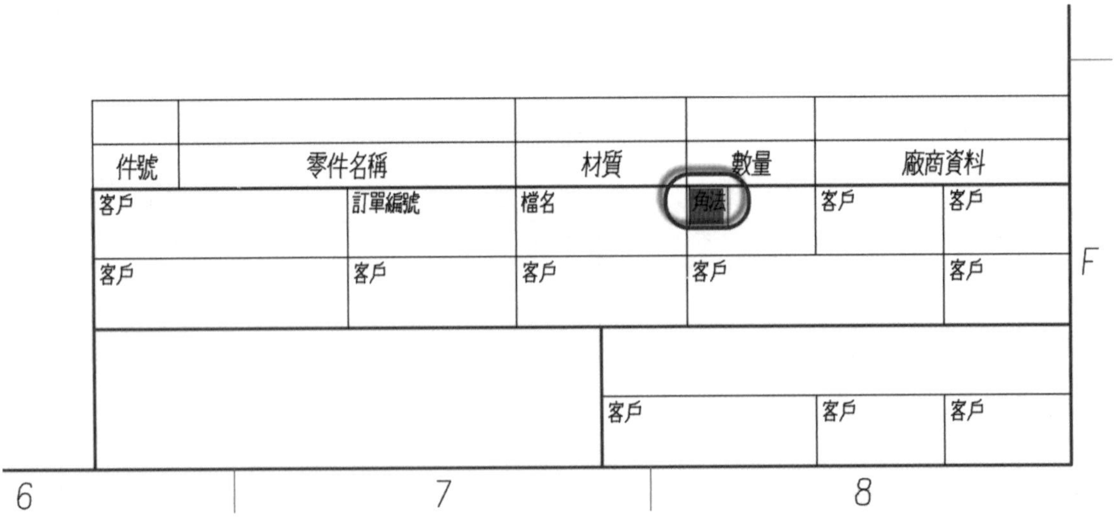

件號	零件名稱		材質	數量	廠商資料	
客戶		訂單編號	檔名	角法	客戶	客戶
客戶		客戶	客戶	客戶		客戶
				客戶	客戶	客戶

6　　　　　　　7　　　　　　　8

STEP 42

修改如圖所示欄位標題，將客戶修改為單位及比例。

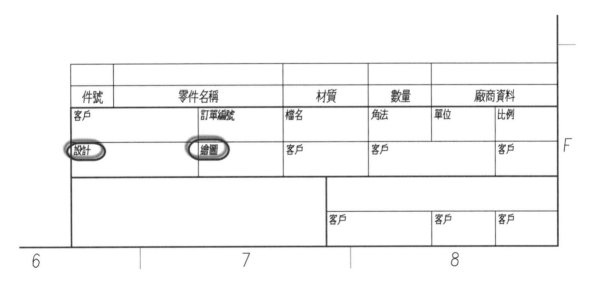

STEP 43

修改如圖所示欄位標題，將客戶修改為設計及繪圖。

STEP 44

修改如圖所示欄位標題，將客戶修改為審圖及認可。

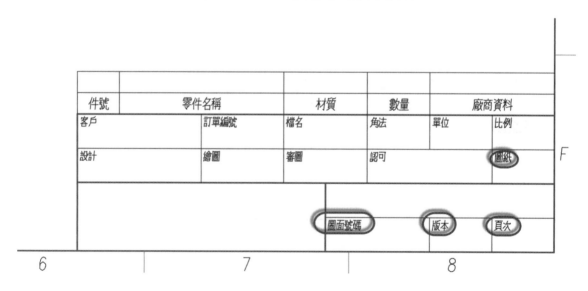

STEP 45

修改如圖所示欄位標題，將客戶修改為圖紙、圖面號碼、版本及頁次。

STEP 46

使用 Attdef 指令，建立新屬性，在對話框中的標籤欄輸入件號、對正方式為正中，文字高度為
3，完成後點選確定按鈕。

STEP 47

將屬性放置於件號欄位之正中位置，使用兩點之間的中點置入。

件號					
件號	零件名稱	材質	數量	廠商資料	
客戶	訂單編號	檔名	角法	單位	比例
設計	繪圖	審圖	認可		圖紙
		圖面號碼		版本	頁次

STEP 48

使用 Copy 指令，以屬性之插入點為基準點，複製至零件名稱、材質、數量、廠商資料欄位之正中位置。

件號					
件號 插入點	零件名稱	材質	數量	廠商資料	
客戶	訂單編號	檔名	角法	單位	比例
設計	繪圖	審圖	認可		圖紙
		圖面號碼		版本	頁次

7　　　　　8

STEP 49

複製完成後，接著修改屬性標籤欄位。

件號	件號	件號	件號	件號	
件號	零件名稱	材質	數量	廠商資料	
客戶	訂單編號	檔名	角法	單位	比例
設計	繪圖	審圖	認可		圖紙
		圖面號碼		版本	頁次

7　　　　　8

Step 50

點選零件編號欄位中之屬性,進入編輯屬性對話框中,修改標籤名稱。

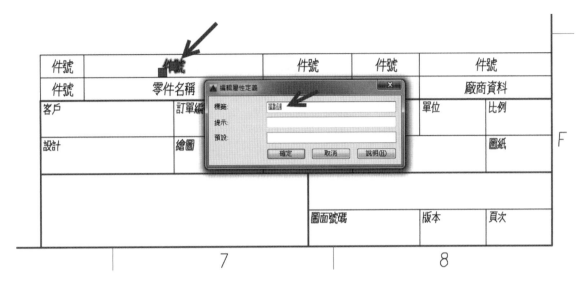

Step 51

將標籤名稱修改為零件名稱,點選確定按鈕。

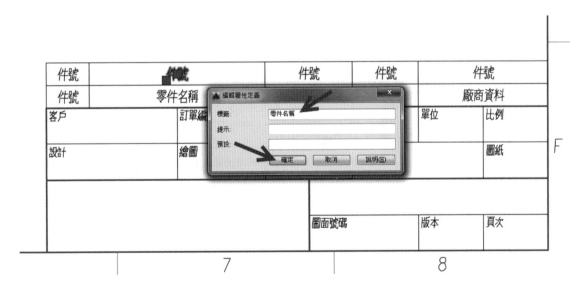

STEP 52

完成後，接著修改材質欄位中之屬性。

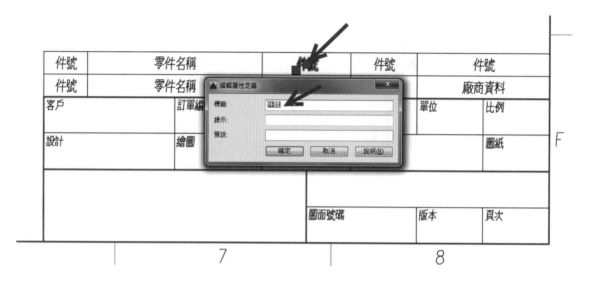

STEP 53

將標籤名稱修改為材質，點選確定按鈕。

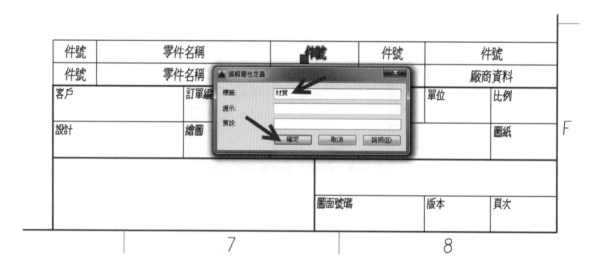

STEP 54

點選數量欄位中之屬性,進入編輯屬性對話框中,修改標籤名稱。

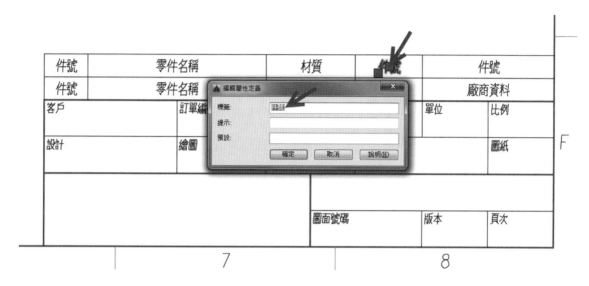

STEP 55

將標籤名稱修改為數量,點選確定按鈕。

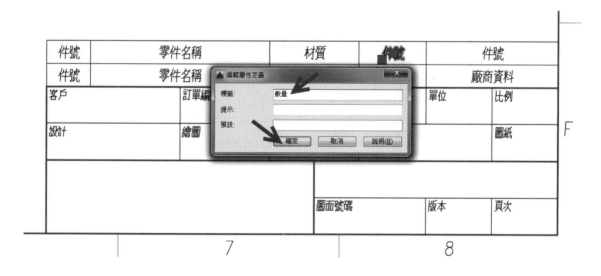

STEP 56

點選廠商資料欄位中之屬性，進入編輯屬性對話框中，修改標籤名稱。

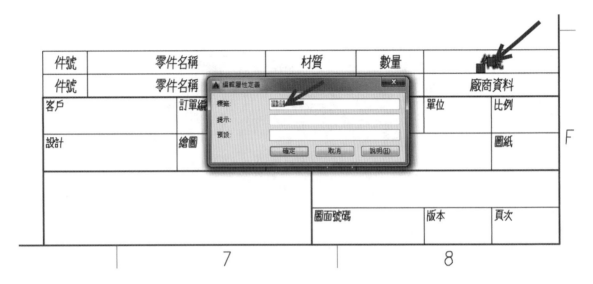

STEP 57

將標籤名稱修改為廠商資料，點選確定按鈕。

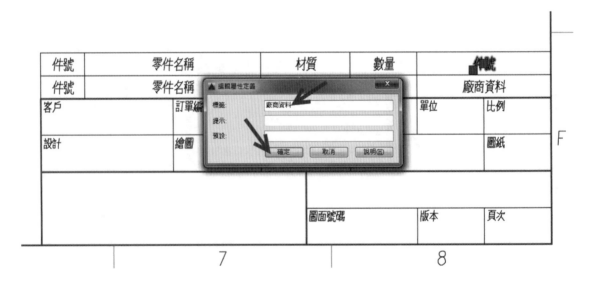

STEP 58

零件相關欄位屬性建立完成。

件號	零件名稱		材質	數量	廠商資料	
件號	零件名稱		材質	數量	廠商資料	
客戶		訂單編號	檔名	角法	單位	比例
設計		繪圖	審圖	認可		圖紙
				圖面號碼	版本	頁次

7   8

F

STEP 59

使用 Attdef 指令，建立新屬性，在對話框中的標籤欄輸入客戶、對正方式為佈滿，文字高度為
3，完成後點選確定按鈕。

STEP 60

第一點位置以左下角為基準點。

件號		零件名稱		材質	數量		廠商資料	
件號		零件名稱		材質	數量		廠商資料	
客戶		訂單編號	檔名		角法	單位		比例
設計 端點		繪圖	審圖		認可			圖紙
				圖面號碼		版本		頁次

F

7　　　　　　8

STEP 61

追蹤向右 0.5、向上 0.5，確定後按下鍵盤 Enter。

件號		零件名稱		材質	數量		廠商資料	
件號		零件名稱		材質	數量		廠商資料	
客戶		訂單編號	檔名		角法	單位		比例
設計		繪圖	審圖		認可			圖紙
				圖面號碼		版本		頁次

F

7　　　　　　8

STEP 62

第二點位置以右下角為基準點，追蹤向左 0.5、向上 0.5，確定後按下鍵盤 Enter。

件號	零件名稱	材質	數量	廠商資料	
件號	零件名稱	材質	數量	廠商資料	
客戶	訂單編號	檔名	角法	單位	比例
設計	繪圖 中點	審圖	認可		圖紙
		圖面號碼		版本	頁次

7　　　8

STEP 63

複製客戶欄位之屬性，以欄位左下角為基準點，複製至設計欄位之左下角。

件號	零件名稱	材質	數量	廠商資料	
件號	零件名稱	材質	數量	廠商資料	
客戶	訂單編號	檔名	角法	單位	比例
設計	繪圖	審圖	認可		圖紙
中點		圖面號碼		版本	頁次

7　　　8

STEP 64

點選客戶欄位中之屬性，進入編輯屬性對話框中，修改標籤名稱。

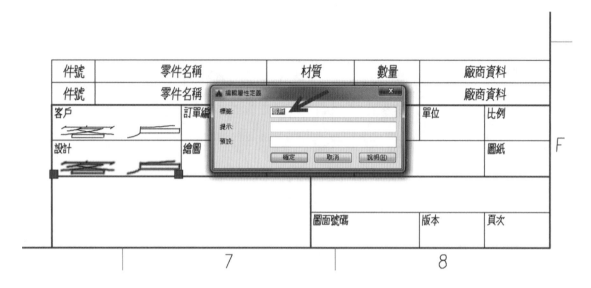

STEP 65

將標籤名稱修改為設計，在預設欄位中輸入 - 號並按右鍵選加入功能變數。

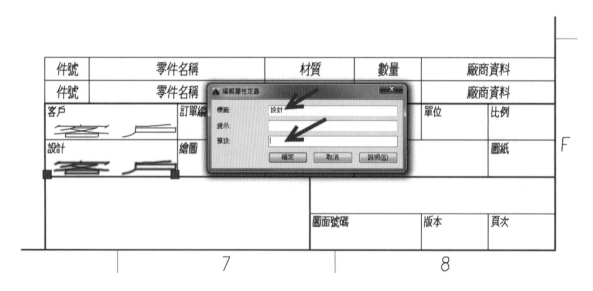

STEP 66

功能變數對話框中，功能變數名稱清單中點選建立日期，日期格式入下圖所示選取，最後點選確定按鈕。

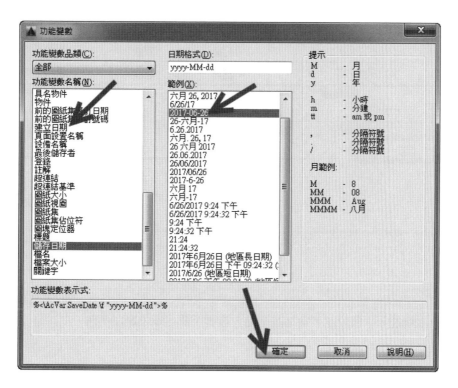

STEP 67

完成後，請點選確定按鈕。

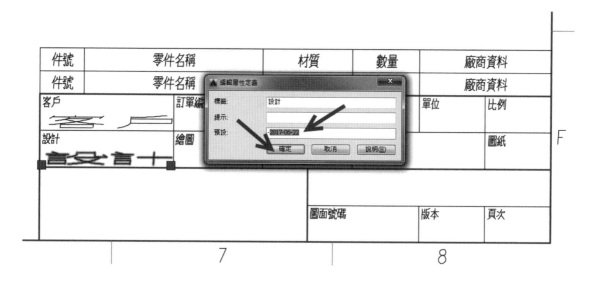

STEP 68

完成設計欄位之屬性設定。

件號	零件名稱	材質	數量	廠商資料	
件號	零件名稱	材質	數量	廠商資料	
客戶	訂單編號	檔名	角法	單位	比例
設計	繪圖	審圖	認可		圖紙

STEP 69

複製設計欄位之屬性，以欄位左下角為基準點，複製至認可欄位之左下角。

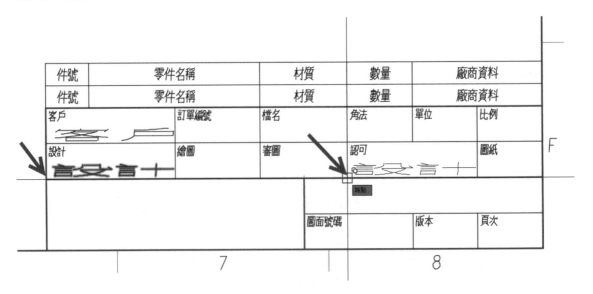

STEP 70

點選認可欄位中之屬性，進入編輯屬性對話框中，修改標籤名稱。

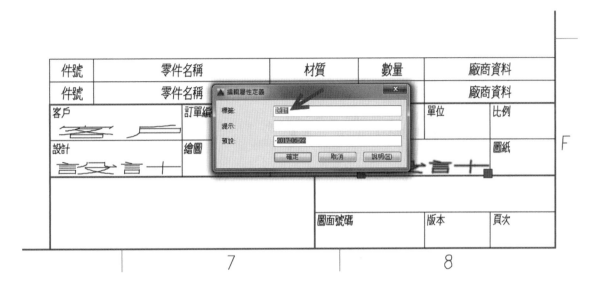

STEP 71

將標籤名稱修改為認可，在預設欄位中按右鍵選加入功能變數。

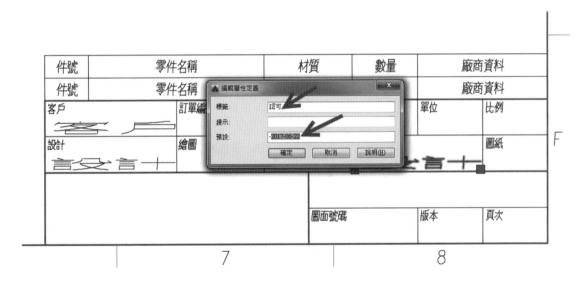

STEP 72

功能變數對話框中，功能變數名稱清單中點選儲存日期，日期格式入下圖所示選取，最後點選確定按鈕。

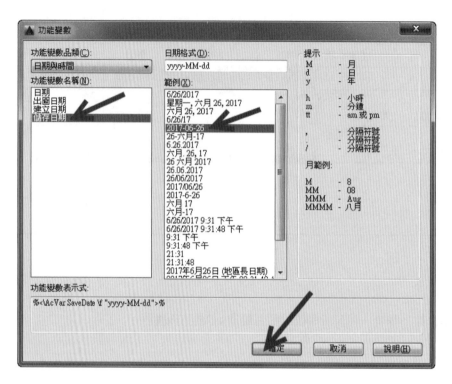

STEP 73

使用 Attdef 指令，建立新屬性，在對話框中的標籤欄輸入訂單編號、對正方式為右下，文字高度為 3，完成後點選確定按鈕。

STEP 74

將屬性放置於訂單編號欄位之右下角為基準點，追蹤向左 0.5、向上 0.5，確定後按下鍵盤 Enter。

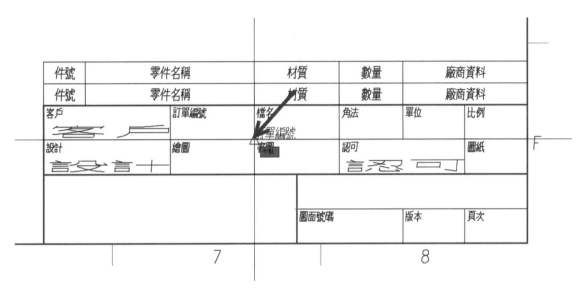

STEP 75

完成訂單編號欄位之屬性設定。

STEP 76

複製訂單編號欄位之屬性，以欄位右下角為基準點。

件號	零件名稱	材質	數量	廠商資料
件號	零件名稱	材質	數量	廠商資料

客戶	訂單編號	檔名	角法	單位	比例

7　　　　　　　　　8

STEP 77

複製完成後，接著修改檔名欄位。

件號	零件名稱	材質	數量	廠商資料
件號	零件名稱	材質	數量	廠商資料

7　　　　　　　　　8

STEP 78

點選檔名欄位中之屬性，進入編輯屬性對話框中，修改標籤名稱。

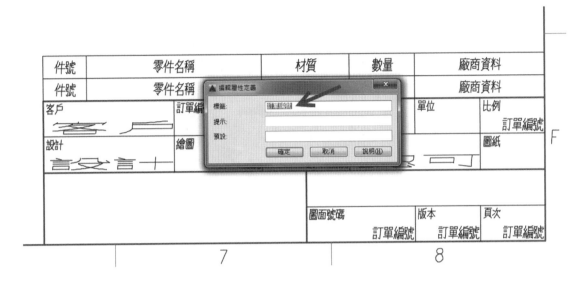

STEP 79

將標籤名稱修改為檔名，在預設欄位中按右鍵選加入功能變數。

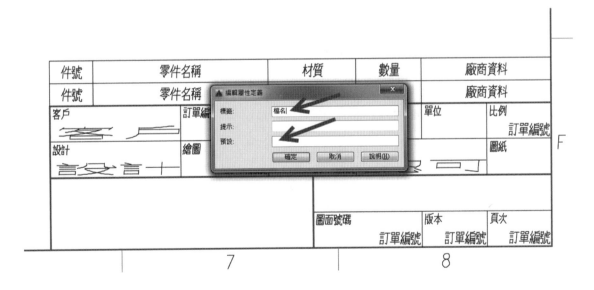

STEP 80

功能變數對話框中，功能變數名稱清單中點選檔名，選取僅檔名，取消顯示副檔名，最後點選確定按鈕。

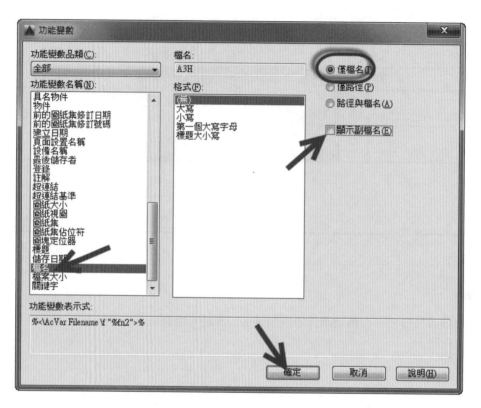

STEP 81

完成功能變數設定後，點選確定按鈕。

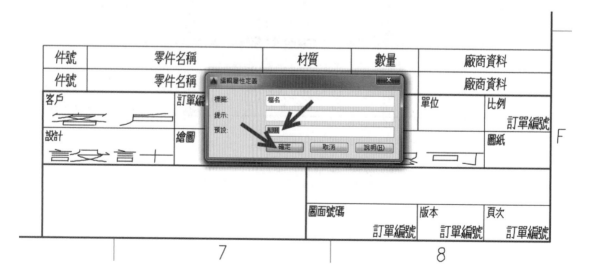

STEP 82

完成後，接著修改比例欄位。

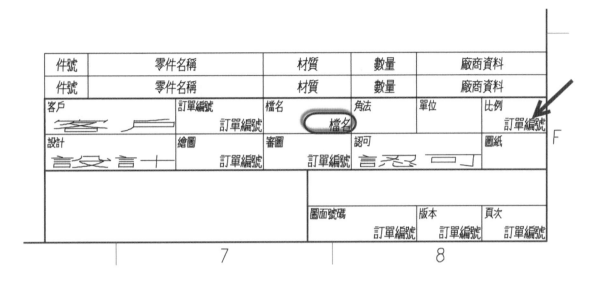

STEP 83

點選比例欄位中之屬性，進入編輯屬性對話框中，修改標籤名稱。

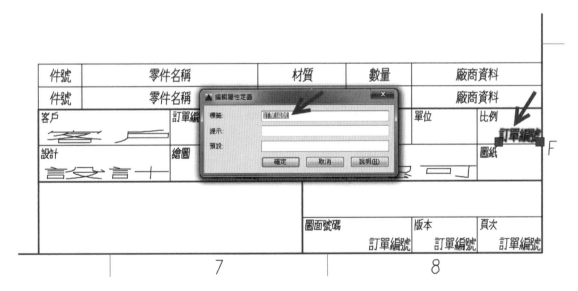

STEP 84

將標籤名稱修改為比例，在預設欄位中按右鍵選加入功能變數。

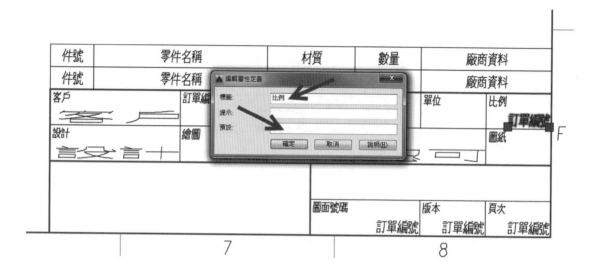

STEP 85

功能變數對話框中，功能變數名稱清單中點選系統變數，選取 cannoscale，最後點選確定按鈕。

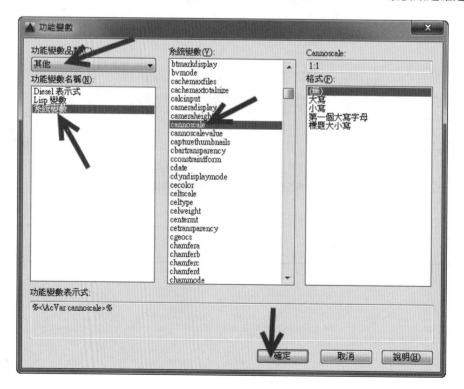

STEP 86

完成功能變數設定後，點選確定按鈕。

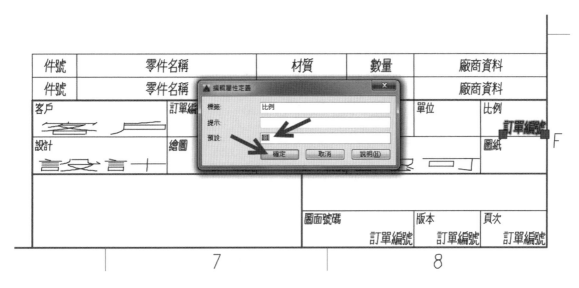

STEP 87

完成後，接著修改繪圖欄位。

件號	零件名稱		材質	數量	廠商資料	
件號	零件名稱		材質	數量	廠商資料	
客戶 客戶	訂單編號 訂單編號	檔名 檔名	角法	單位	比例 比例	F
設計 設計十	繪圖 訂單編號	審圖 訂單編號	認可 認可		圖紙	
		圖面號碼 訂單編號		版本 訂單編號	頁次 訂單編號	

STEP 88

點選繪圖欄位中之屬性，進入編輯屬性對話框中，修改標籤名稱。

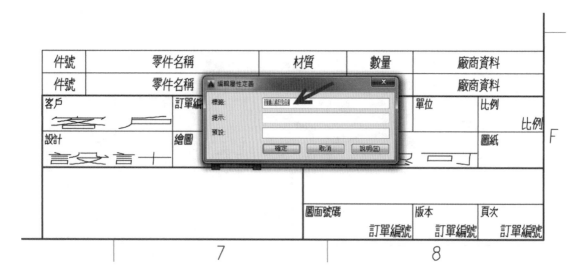

STEP 89

將標籤名稱修改為繪圖，最後點選確定按鈕。

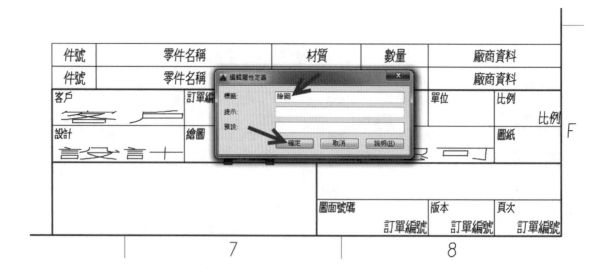

STEP 90

完成設定後，點選審圖欄位進行修改。

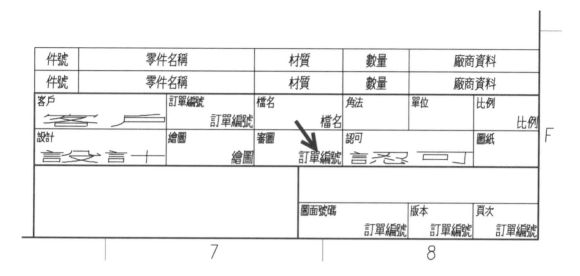

STEP 91

點選審圖欄位中之屬性，進入編輯屬性對話框中，修改標籤名稱。

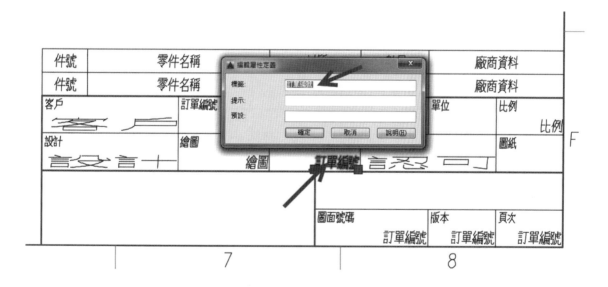

STEP 92

將標籤名稱修改為審圖，最後點選確定按鈕。

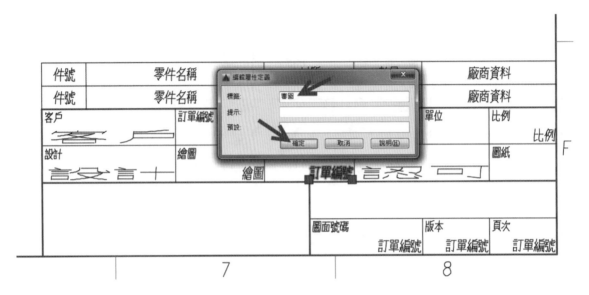

STEP 93

完成設定後，點選圖面號碼欄位進行修改。

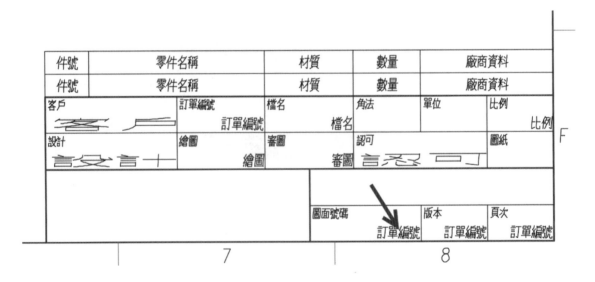

STEP 94

點選圖面號碼欄位中之屬性，進入編輯屬性對話框中，修改標籤名稱。

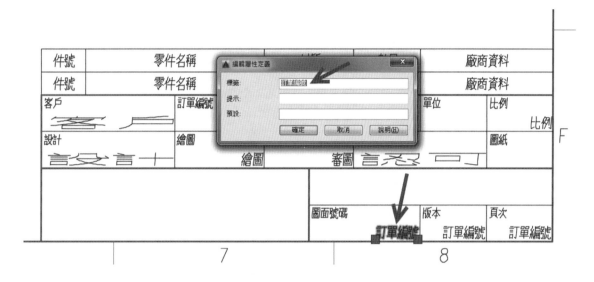

STEP 95

將標籤名稱修改為圖面號碼，最後點選確定按鈕。

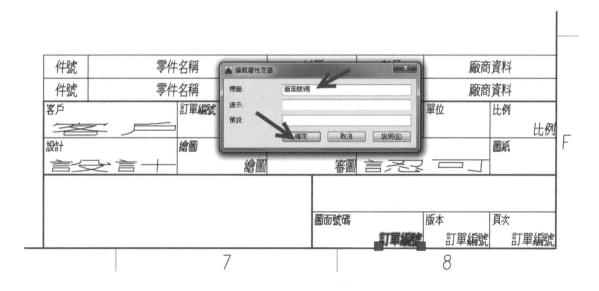

STEP 96

按下 Ctrl + 1 進入性質對話框中,點選高度欄位修改為 4.5。

STEP 97

點選版本欄位中之屬性,進入編輯屬性對話框中,修改標籤名稱。

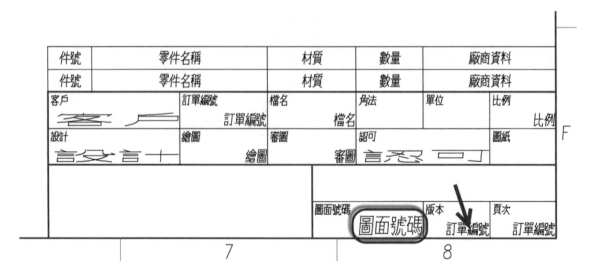

STEP 98

將標籤名稱修改為版本，最後點選確定按鈕。

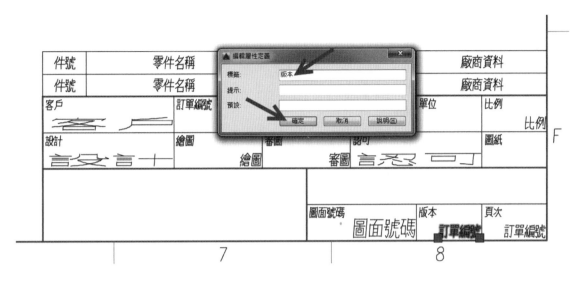

STEP 99

點選頁次欄位中之屬性，進入編輯屬性對話框中，修改標籤名稱。

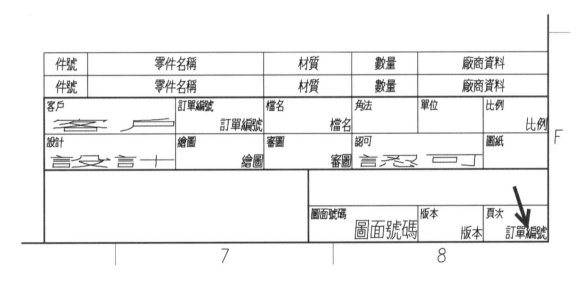

STEP 100

將標籤名稱修改為頁次，最後點選確定按鈕。

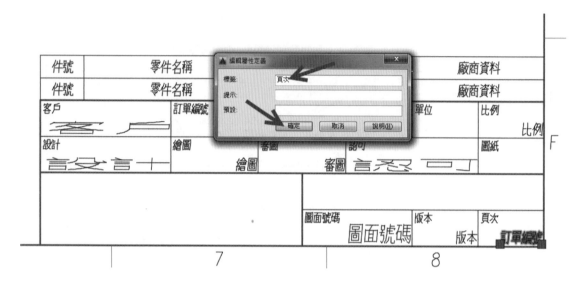

STEP 101

使用 Attdef 指令，建立新屬性。

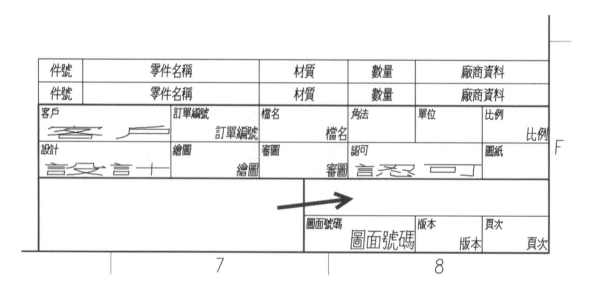

STEP 102

在對話框中的標籤欄輸入工程專案名稱、對正方式為正中，文字高度為 5，完成後點選確定按鈕。

STEP 103

將屬性放置於欄位之正中位置，使用兩點之間的中點置入。

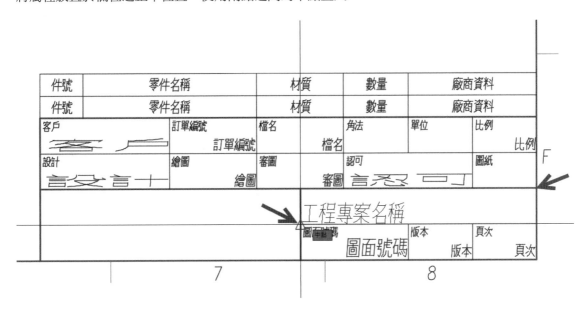

STEP 104

完成設定後，使用 Dtext 指令，對正方式：右下、字高：3 mm，基準點選擇欄位右下角位置，在單位欄位中輸入 mm，圖紙欄位中輸入 A3。

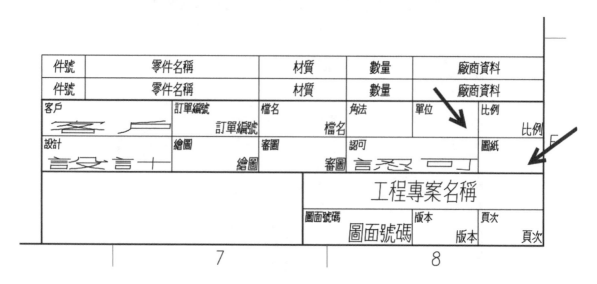

STEP 105

圖紙欄位輸入 A3。

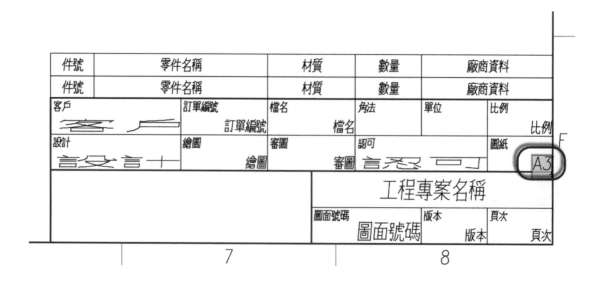

STEP 106

使用 Copy 指令，以圖紙欄位右下角為基準點複，複製至單位欄位右下角。

STEP 107

將單位欄位之文字修改為 mm。

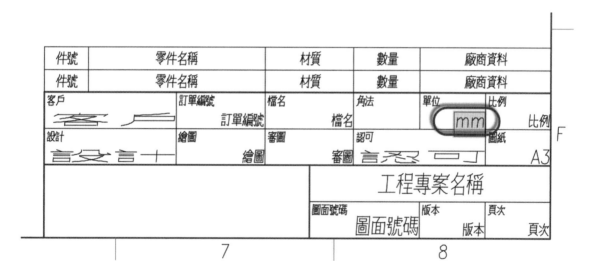

STEP 108

將角法符號放置於角法欄位中。

件號	零件名稱		材質	數量	廠商資料	
件號	零件名稱		材質	數量	廠商資料	
客戶 客戶	訂單編號 訂單編號	檔名 檔名	角法 ⊕ ⊏	單位 mm	比例 比例	F
設計 設計	繪圖 繪圖	審圖 審圖	認可 認可		圖紙 A3	
			工程專案名稱			
			圖面號碼 圖面號碼	版本 版本	頁次 頁次	

7　　　　　　　　　　8

STEP 109

使用 Line 指令，以圖框左下角為基準點，往 90 度方向物件所點追蹤 42mm，往 0 度方向繪製一條長 35 mm 直線後，再往 270 度方向繪製一條長 42mm 直線。

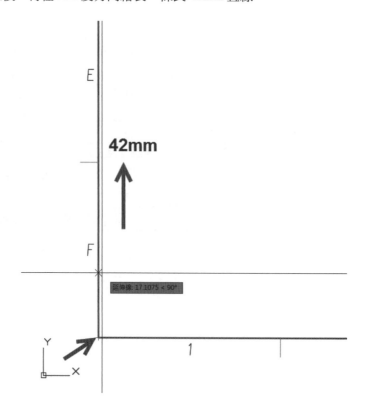

STEP 110

使用 Line 指令，以框線之左下角為基準點，往 90 度方向物件所點追蹤 6mm。

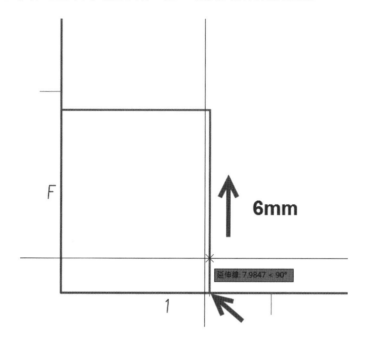

STEP 111

往 180 度方向繪製一條長 35 mm 直線。

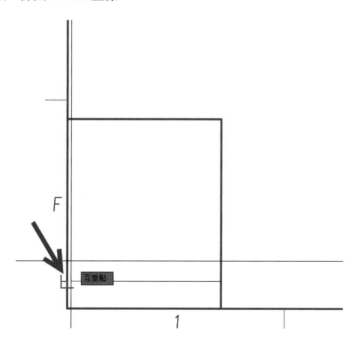

STEP 112

使用 Line 指令，以框線之左下角為基準點，往 90 度方向物件所點追蹤 6mm。

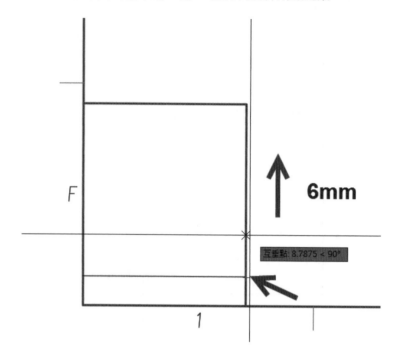

STEP 113

往 180 度方向繪製一條長 35 mm 直線。

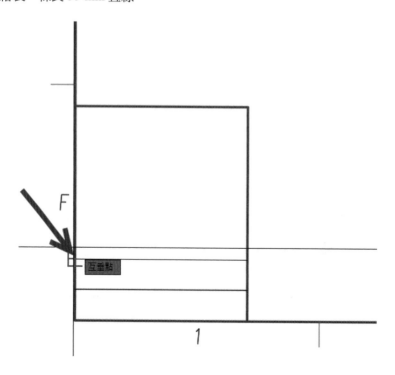

STEP 114

使用 Offset 指令，選取第二條框線，往 90 度方向偏移複製。

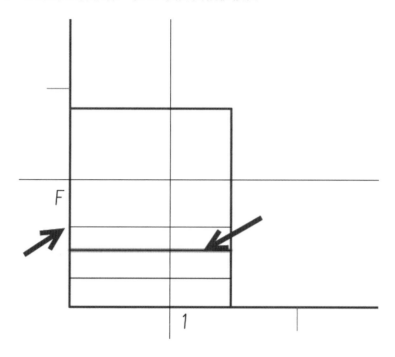

STEP 115

完成偏移複製。

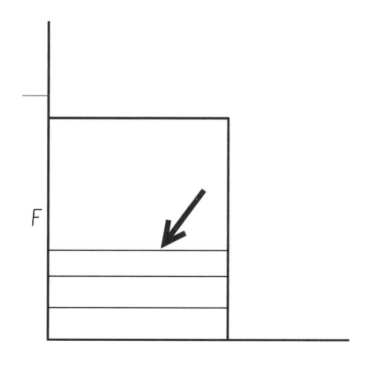

STEP 116

重複 Step 114 及 Step 115 步驟，完成水平框線繪製。

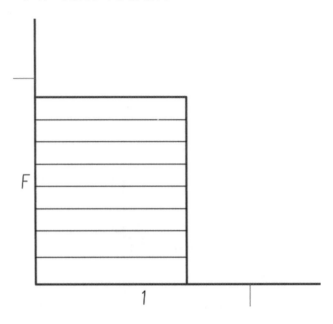

STEP 117

使用 Line 指令，以上方框線之左上角為基準點，往 0 度方向物件所點追蹤 20 mm，往 270 度方向繪製 36 mm 線段。

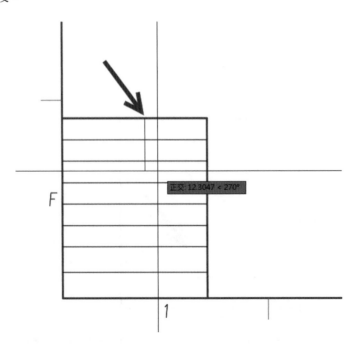

Step 118

完成垂直線繪製。

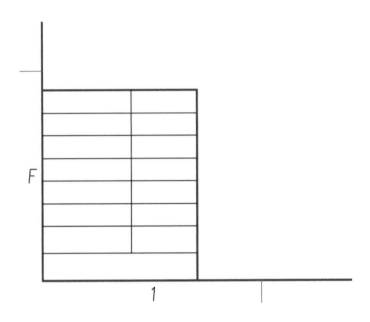

Step 119

使用 Dtext 指令，對正方式為正中，文字高度為 3.5 mm，將基準點定義在欄位之正中位置。

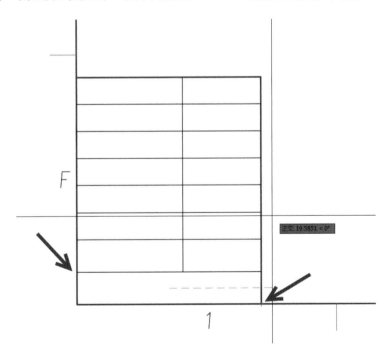

STEP 120

輸入文字為機械加工無記號公差表。

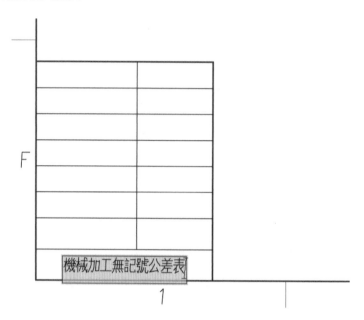

STEP 121

使用 Dtext 指令，對正方式為正中，文字高度為 3.5 mm，將基準點定義在欄位之正中位置。

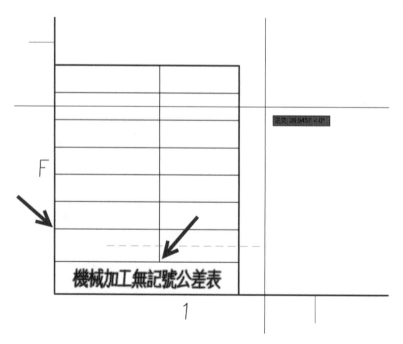

STEP 122

輸入文字為尺寸範圍。

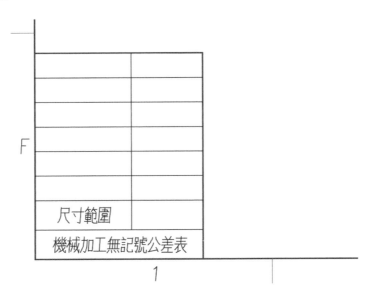

STEP 123

使用 Dtext 指令，對正方式為正中，文字高度為 3.5 mm，將基準點定義在欄位之正中位置。

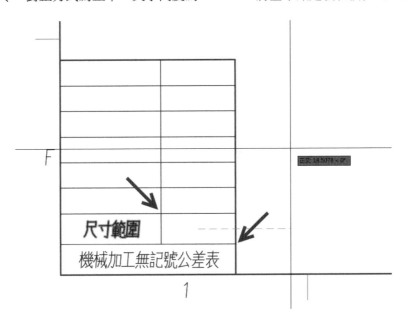

STEP 124

輸入文字為容許公差值。

STEP 125

使用 Dtext 指令，對正方式為正中，文字高度為 3 mm，將基準點定義在欄位之正中位置。

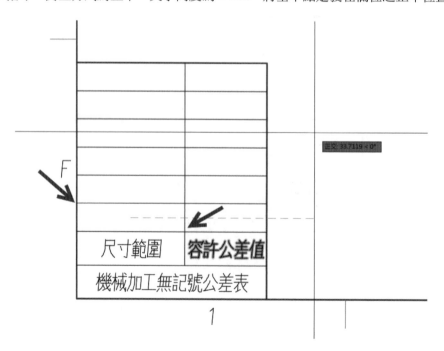

STEP 126

輸入文字為 1~6。

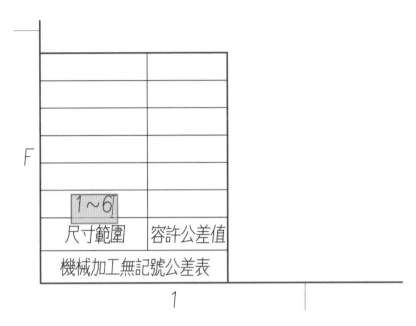

STEP 127

使用 Dtext 指令，對正方式為正中，文字高度為 3 mm，將基準點定義在欄位之正中位置。

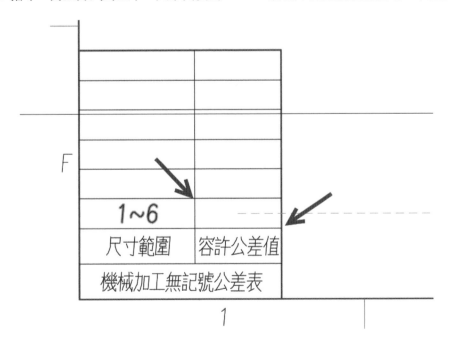

STEP 128

輸入文字為 %%P0.1。

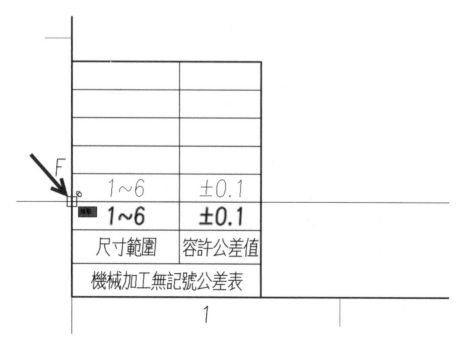

STEP 129

使用 Copy 指令，以欄位左下角為基準點，將輸入完成的兩個欄位選取，複製至其他空白欄位。

STEP 130

複製完成後。

1~6	±0.1
1~6	±0.1
1~6	±0.1
1~6	±0.1
1~6	±0.1
1~6	±0.1
尺寸範圍	容許公差值
機械加工無記號公差表	

F

1

STEP 131

在修改文字上快按左鍵兩下,進入文字編輯,輸入文字為 6~30。

1~6	±0.1
1~6	±0.1
1~6	±0.1
1~6	±0.1
6~30	±0.1
1~6	±0.1
尺寸範圍	容許公差值
機械加工無記號公差表	

F

1

STEP 132

在修改文字上快按左鍵兩下，進入文字編輯，輸入文字為 30~120。

1~6	±0.1
1~6	±0.1
1~6	±0.1
30~120	±0.1
6~30	±0.1
1~6	±0.1
尺寸範圍	容許公差值
機械加工無記號公差表	

1

STEP 133

在修改文字上快按左鍵兩下，進入文字編輯，輸入文字為 120~315。

1~6	±0.1
1~6	±0.1
120~315	±0.1
30~120	±0.1
6~30	±0.1
1~6	±0.1
尺寸範圍	容許公差值
機械加工無記號公差表	

1

STEP 134

在修改文字上快按左鍵兩下,進入文字編輯,輸入文字為 315~1000。

1~6	±0.1
315~1000	±0.1
120~315	±0.1
30~120	±0.1
6~30	±0.1
1~6	±0.1
尺寸範圍	容許公差值
機械加工無記號公差表	

F

1

STEP 135

在修改文字上快按左鍵兩下,進入文字編輯,輸入文字為 1000~2000。

1000~2000	±0.1
315~1000	±0.1
120~315	±0.1
30~120	±0.1
6~30	±0.1
1~6	±0.1
尺寸範圍	容許公差值
機械加工無記號公差表	

F

1

STEP 136

按下 Ctrl + 1 進入性質對話框，將文字 1000~2000 之文字寬度係數修改為 0.75。

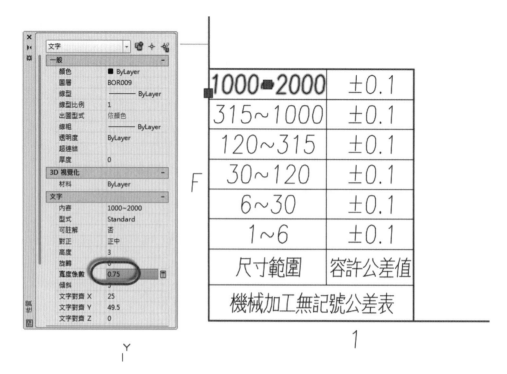

STEP 137

在修改文字上快按左鍵兩下，進入文字編輯，輸入文字為 %%0.2。

1000~2000	±0.1
315~1000	±0.1
120~315	±0.1
30~120	±0.1
6~30	±0.2
1~6	±0.1
尺寸範圍	容許公差值
機械加工無記號公差表	

1

STEP 138

在修改文字上快按左鍵兩下，進入文字編輯，輸入文字為 %%0.3。

1000~2000	±0.1
315~1000	±0.1
120~315	±0.1
30~120	±0.3
6~30	±0.2
1~6	±0.1
尺寸範圍	容許公差值
機械加工無記號公差表	

F

1

STEP 139

在修改文字上快按左鍵兩下，進入文字編輯，輸入文字為 %%0.5。

1000~2000	±0.1
315~1000	±0.1
120~315	±0.5
30~120	±0.3
6~30	±0.2
1~6	±0.1
尺寸範圍	容許公差值
機械加工無記號公差表	

F

1

STEP 140

在修改文字上快按左鍵兩下，進入文字編輯，輸入文字為 %%0.8。

1000~2000	±0.1
315~1000	±0.8
120~315	±0.5
30~120	±0.3
6~30	±0.2
1~6	±0.1
尺寸範圍	容許公差值
機械加工無記號公差表	

F

1

STEP 141

在修改文字上快按左鍵兩下，進入文字編輯，輸入文字為 %%1.2。

1000~2000	±1.2
315~1000	±0.8
120~315	±0.5
30~120	±0.3
6~30	±0.2
1~6	±0.1
尺寸範圍	容許公差值
機械加工無記號公差表	

F

1

STEP 142

使用 Line 指令，以框線之右上角為基準點，往 180 度方向物件所點追蹤 70 mm。

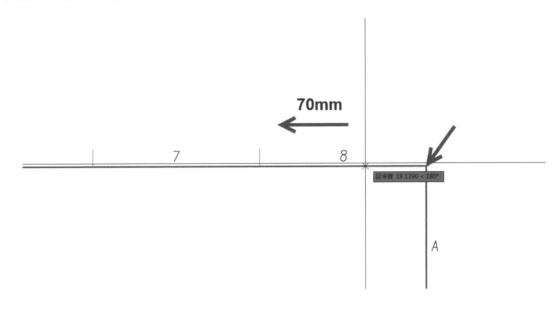

STEP 143

向下繪製一段長度為 10 mm 之線段。

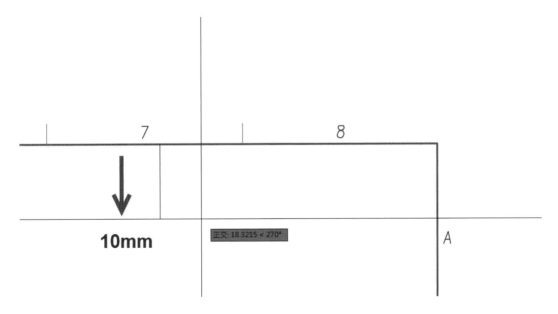

STEP 144

繼續往 0 度方向繪製長度為 70 mm 之線段。

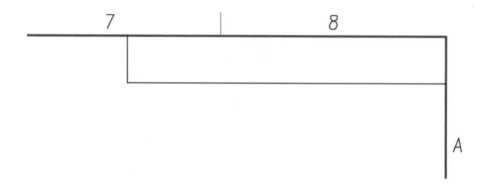

STEP 145

使用 Line 指令，以框線之右邊線中點為基準點，往 0 度方向繪製長度為 70 mm 之線段。

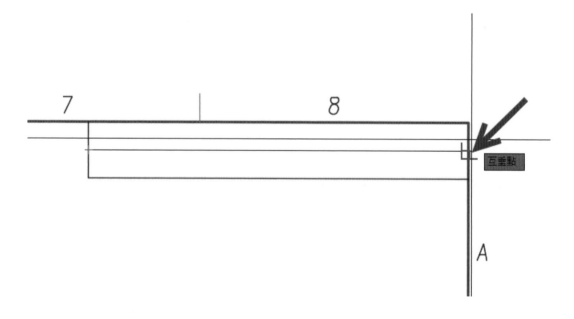

STEP 146

使用 Line 指令，以框線之右上角為基準點，往 0 度方向物件所點追蹤 10mm。

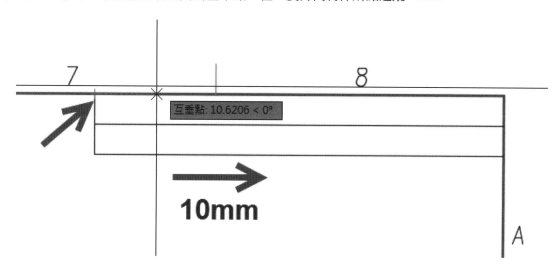

STEP 147

往 270 度方向繪製長度為 10 mm 之線段。

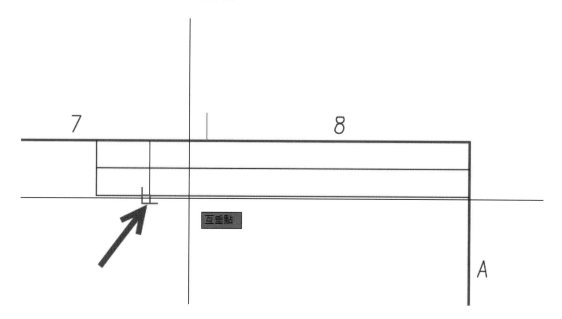

STEP 148

使用 Line 指令，以框線之右邊線中點為基準點，往 0 度方向物件所點追蹤 30mm。

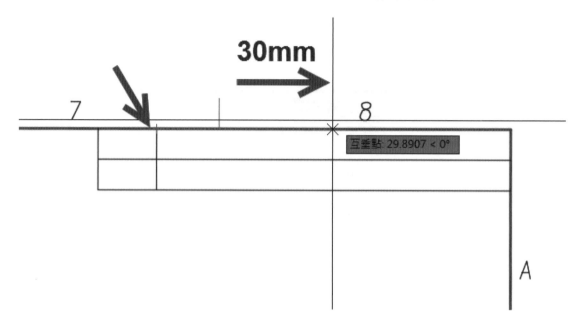

STEP 149

往 270 度方向繪製長度為 10 mm 之線段。

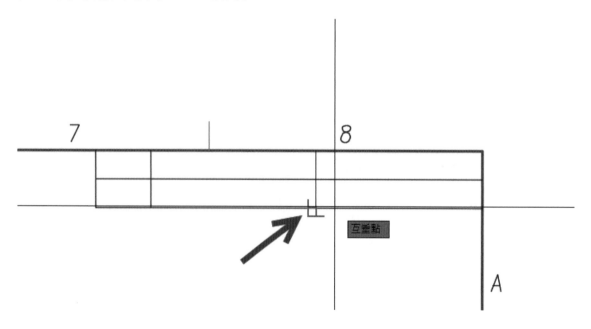

使用 Line 指令,以框線之右邊線中點為基準點,往 0 度方向物件所點追蹤 15mm,往 270 度方向繪製長度為 10 mm 之線段。

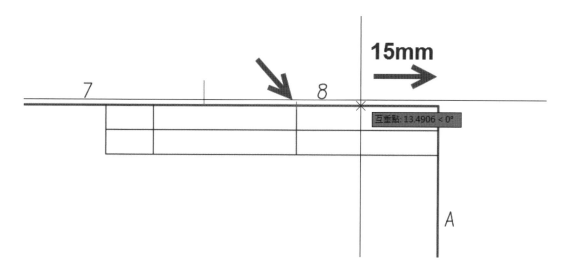

使用 Dtext 指令,對正方式為正中,文字高度為 3 mm,將基準點定義在欄位之正中位置。

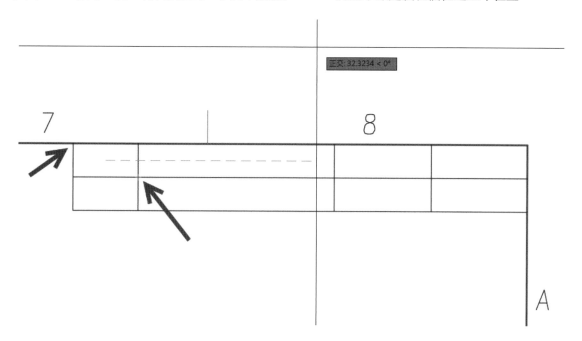

STEP 152

輸入文字為記號。

7			8	
記號				

A

STEP 153

使用 Copy 指令，以欄位正中為基準點，將輸入完成的欄位選取，複製至其他空白欄位。

7			8	
記號	記號			
	正交: 19.6523 < 0°			

A

STEP 154

複製完成後。

STEP 155

在修改文字上快按左鍵兩下，進入文字編輯，輸入文字為更改項目。

STEP 156

在修改文字上快按左鍵兩下，進入文字編輯，輸入文字為姓名。

7			8	
記號	更改項目		姓名	記號

A

STEP 157

在修改文字上快按左鍵兩下，進入文字編輯，輸入文字為更改日期。

7			8	
記號	更改項目		姓名	更改日期

A

STEP 156

置入設計變更符號，完成圖框設計，請儲存檔案。

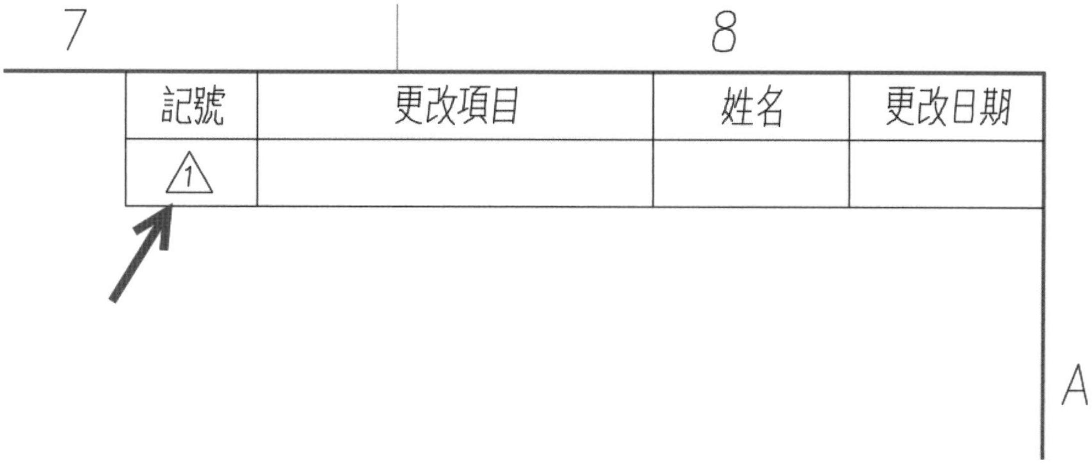

記號	更改項目	姓名	更改日期
△1			

7

8

A

Section 3
圖框與工具選項板之整合應用

圖框如何與工具選項板結合，對於工作效率有很大的影響，本小節將帶領各位讀者輕鬆地依照書中步驟，建立常用的圖框於工具選項板上，提升工作效率與便利性。

STEP 1

首先將製作好的圖框檔 A3H.dwg 打開，使用另存新檔於 Block 資料夾中，並將檔案命名為 A3.dwg。

使用 Block 指令，圖塊名稱為 A3，先選取圖框標題欄中的屬性，屬性選取時的先後順序會影響
屬性編輯器中之項目排列順序，接著選取其它圖形後再點選確定按鈕。

此時會彈出編輯屬性對話框，請直接點選對話框中的確定按鈕，並儲存檔案。

STEP 4

使用 Ctrl+3 打開工具選項板，在工具選項板中空白處按滑鼠右鍵，在清單中選取新建選項板，並輸入選項樣板名稱為繪圖輔助。

STEP 5

輸入選項板名稱為繪圖輔助，完成新選項板之建立。

STEP 6

將圖框圖塊點選，再按滑鼠右鍵將圖塊拖曳到選項板中。

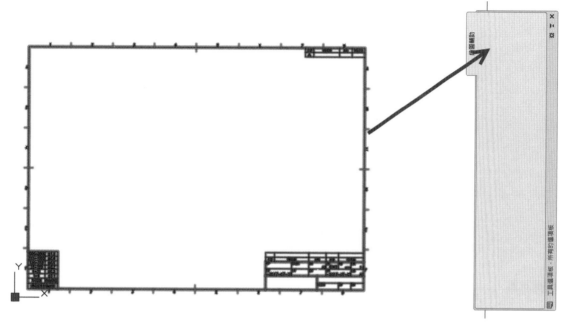

STEP 7

工具選項板中自動建立按鈕。

STEP 8

在工具選項板中按滑鼠右鍵，在清單中選取檢視選項。

STEP 9

將影像大小滑棒調整至最右，檢視型式更改至帶有文字的圖式，然後點選確定按鈕完成設定。

STEP 10

工具選項板中之按鈕圖形變為最大。

STEP 11

在工具選項板中按滑鼠右鍵，在清單中選取加入文字，並輸入圖框。

STEP 12

將工具選項板中之圖框提示往上拖曳至第一位。

STEP 13

拖曳完成後。

STEP 14

在工具選項板中按滑鼠右鍵，在清單中選取加入分隔符號。

STEP 15

在工具選項板中選取按鈕並按滑鼠右鍵，在清單中選取性質。

STEP 16

將輔助比例設定為標註比例，圖層設定為 0 層，完成後點選確定按鈕。

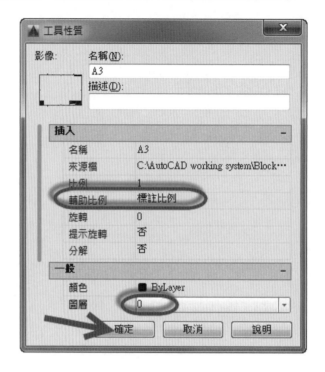

STEP 16

在工具選項板中按滑鼠右鍵，在清單中選取加入文字，並輸入表面粗度。

STEP 17

圖框插入步驟，首先使用 Dimstyle 指令，打開標註型式管理員，清單中選取 CNS-30，並點選修
改按鈕。

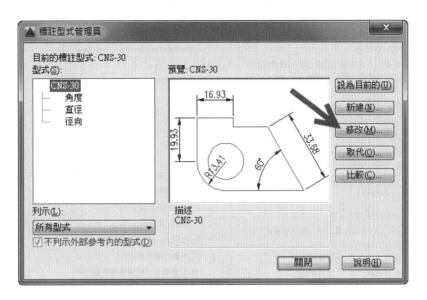

STEP 18

選取填入頁籤，出圖比例為 1:2 時，使用整體標註比例必須設定為 2，此時將使用整體標註比例
參數更改為 2，完成後點選確定按鈕。

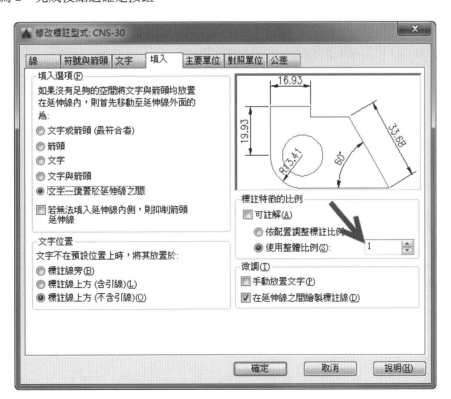

STEP 19

此時將使用整體標註比例參數更改為 2，完成後點選確定按鈕。

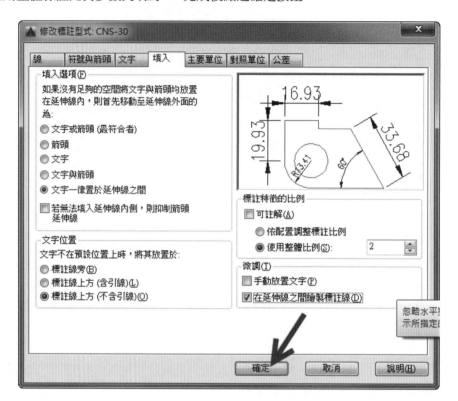

STEP 20

回到前一頁對話框，點選關閉完成插入圖框比例設定。

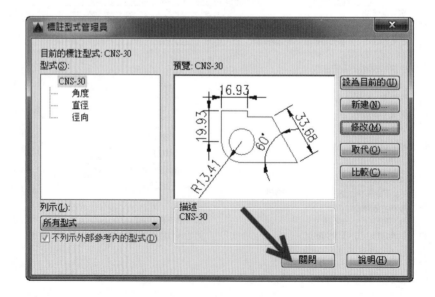

STEP 21

點選工具選項板中之 A3 圖框按鈕，插入點為 0，0，彈出編輯屬性對話框，請點選確定按鈕。

STEP 21

使用 Limits 指令，左下角點設定為 0，0，右上角點設定為 840，594 (1:2 時標準 A3 右上角點座標必須 X 軸、Y 軸個乘上 2 倍)，接著設定註解比例為 1:2(使用 cannoscale 系統變數設定亦可)，接這請依照下圖設定出圖設定，並進行預覽。

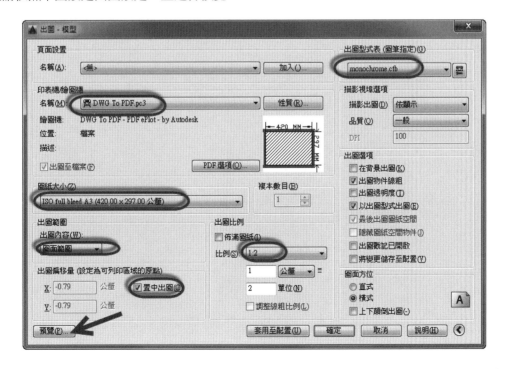

STEP 20

預覽後能正常顯示，表示往後出圖都能確印出比例。

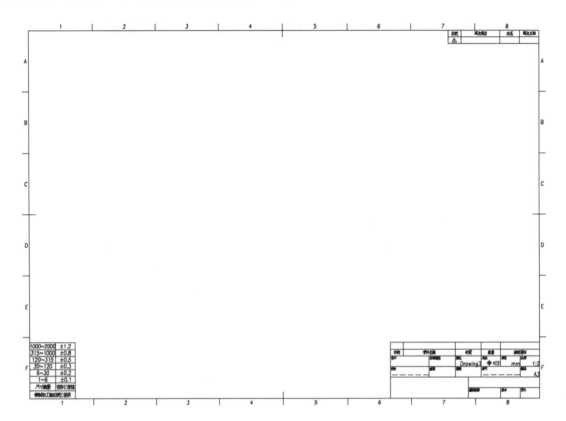

Section 4
標註符號之動態圖塊製作與應用

工程圖中有很多的標註符號，本小節將進行剖面符號的圖塊製作，與工具選項板進行整合應用，讓各位讀者更清楚了解如何透過工具選項板提升繪圖效率，下方圖例為剖面符號相關尺寸。

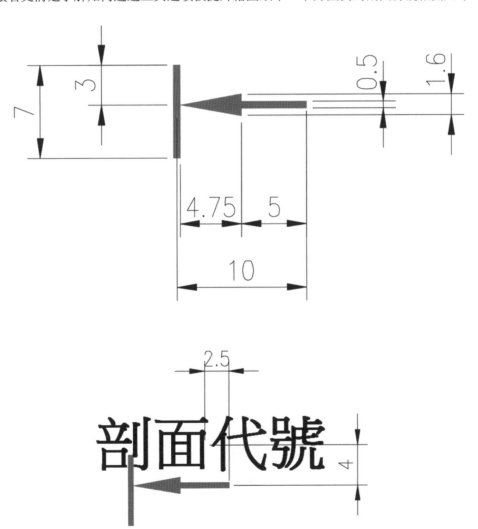

使用 Pline 指令，選擇任一點為起點，設定線寬起點為 7、結束點為 7。

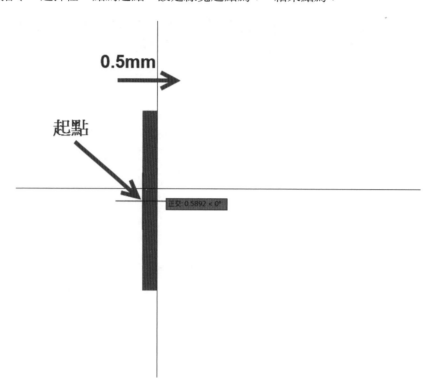

向右繪出長度為 0.5 mm 後結束繪製，使用 Pline 指令，以聚合線中點往 90 度方向物件鎖點追蹤 0.5 mm 為起點，設定線寬起點為 0、結束點為 1.6。

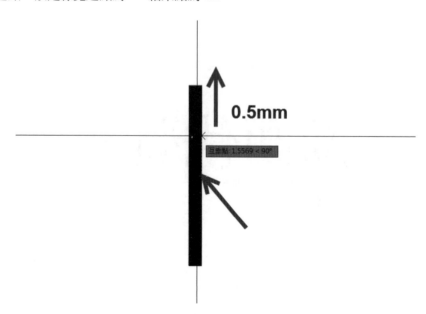

STEP 3

向右繪出長度為 4.75 mm。

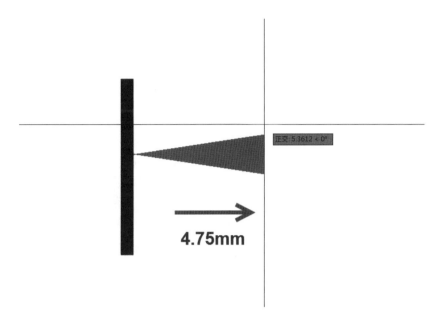

STEP 4

設定線寬起點為 0.5、結束點為 0.5，向右繪出長度 5 mm，設定線寬起點為 0、結束點為 0，結束
聚合線繪製。

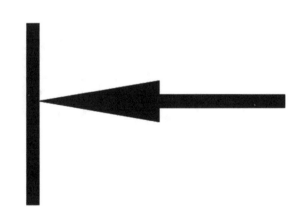

STEP 5

使用 Attdef 指令，建立新屬性，標籤為剖面符號、對正方式為正中、文字型式為剖面、文字高度為 4，完成後請點選確定按鈕。

STEP 6

以最後一段直線中點為基準點、往 90 度方向物件鎖點追蹤 4 mm。

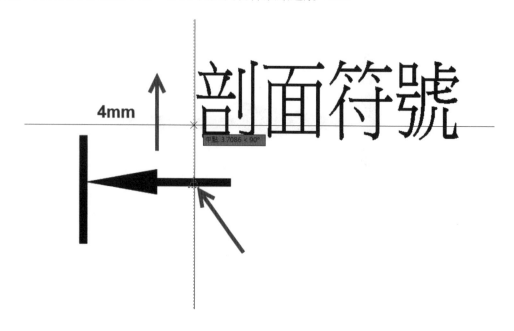

STEP 7

屬性定位完成。

STEP 8

使用 Copy 指令，將完成之圖形複製一份至右側，製作垂直向符號。

使用 Rotate 指令，將右側圖形逆時針旋轉 90 度。

使用 Rotate 指令，將右側圖形之屬性順時針旋轉 90 度。

STEP 11

完成後圖形製作成圖塊。

STEP 12

使用 Block 指令，圖塊名稱為 SectionA，核取在圖塊編輯器中開啟。

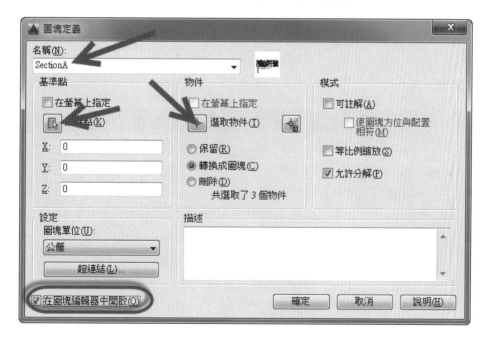

STEP 13

基準點設置於箭頭尖端往左物件鎖點追蹤 0.25 mm 之位置。

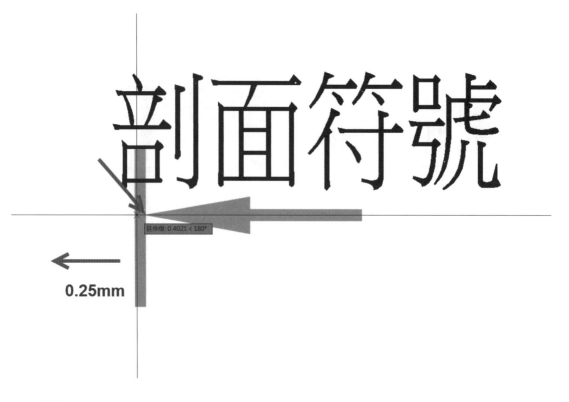

0.25mm

STEP 14

請點選確定按鈕。

STEP 15

彈出之編輯屬性對話框中，直接點選確定按鈕，進入圖塊編輯器中。

STEP 16

在參數選項板中點選翻轉。

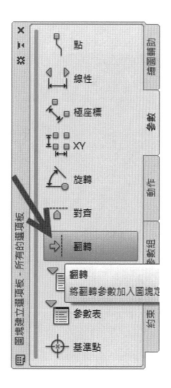

STEP 17

以 0 , 0 為基準點，往 90 度方向點選一點。

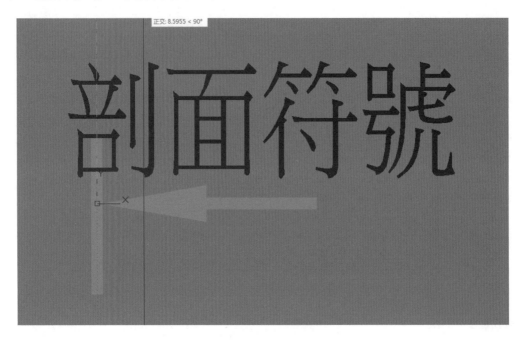

STEP 17

將參數放置於基準點左側。

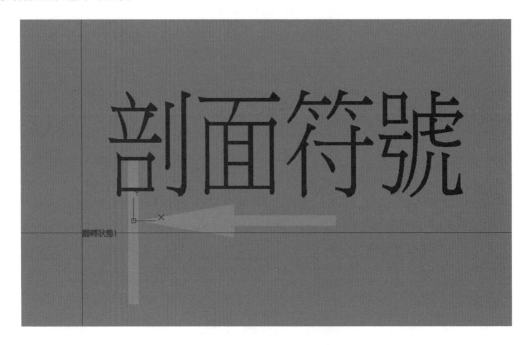

STEP 18

參數放置定位後，出現藍色箭頭符號。

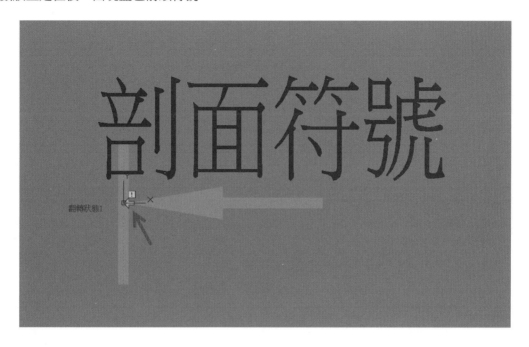

STEP 19

在參數選項板中點選翻轉，將參數放置於基準點左側。

STEP 20

往 180 度方向點選一點。

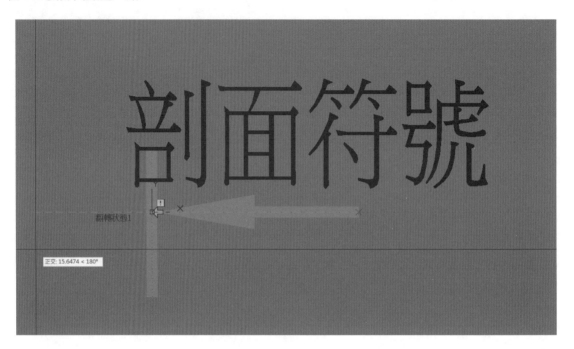

STEP 21

將參數放置於右側端點下方。

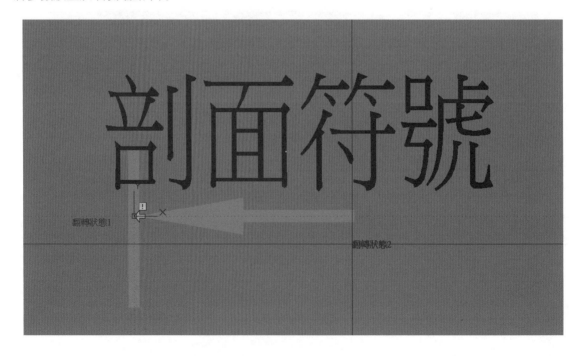

STEP 22

參數放置定位後，出現藍色箭頭符號。

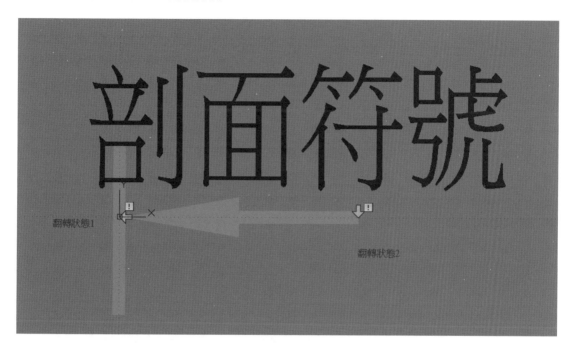

STEP 23

切換至動作選項板，點選翻轉動作。

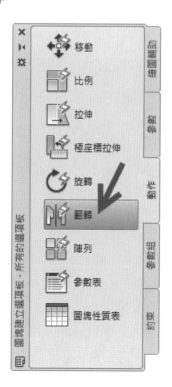

STEP 24

先選取參數。

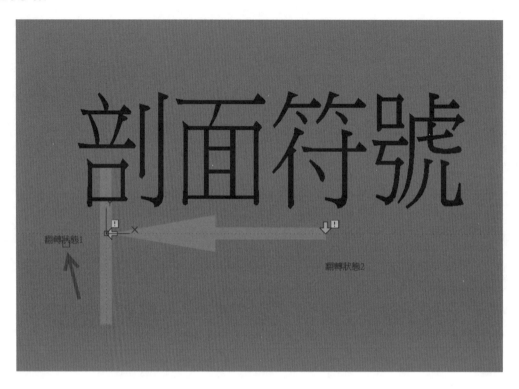

STEP 25

選取所有物件。

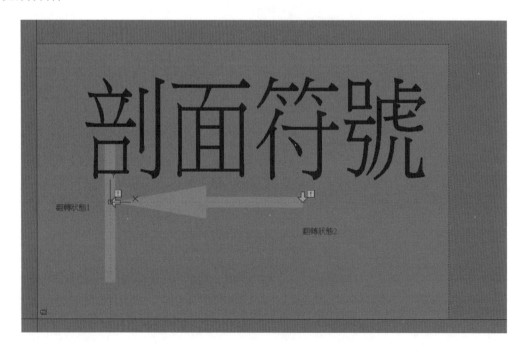

STEP 26

完成動作設定，此時會出現翻轉動作符號。

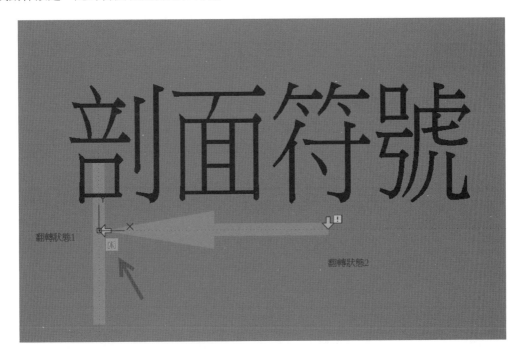

STEP 27

點選翻轉動作，先選取參數。

STEP 28

選取所有物件。

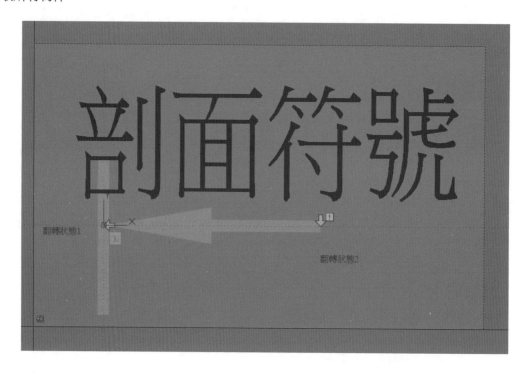

STEP 29

完成動作設定，此時會出現翻轉動作符號。

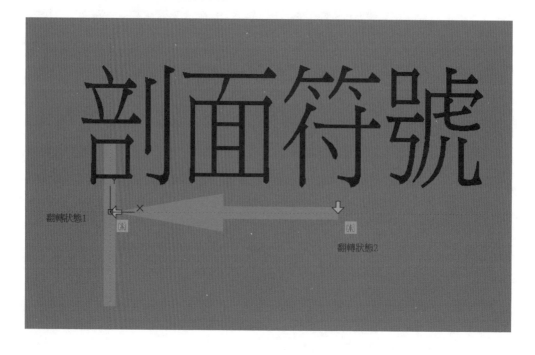

STEP 30

選取關閉圖塊編輯器,並儲存完成編輯。

STEP 31

使用 Block 指令,圖塊名稱為 SectionB,核取在圖塊編輯器中開啟。

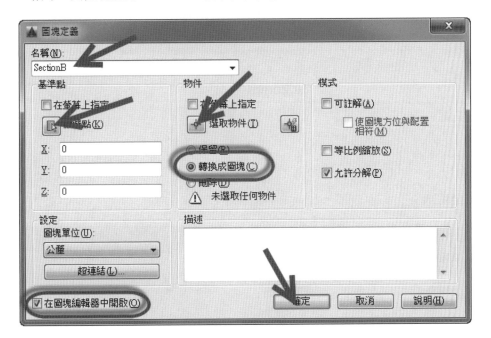

STEP 32

基準點設置於箭頭尖端往下物件鎖點追蹤 0.25 mm 之位置。

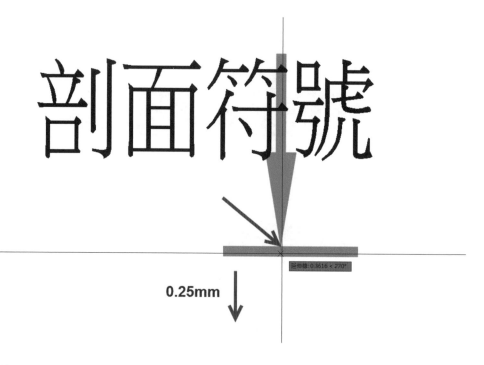

0.25mm

STEP 33

請點選確定按鈕。

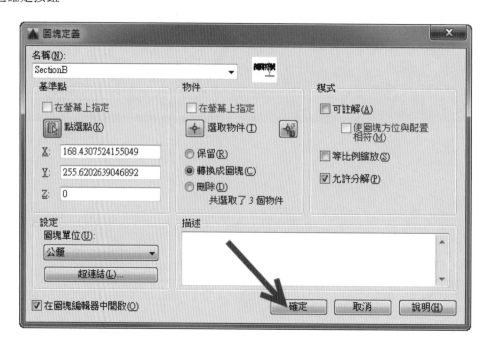

STEP 34

彈出之編輯屬性對話框中，直接點選確定按鈕，進入圖塊編輯器中。

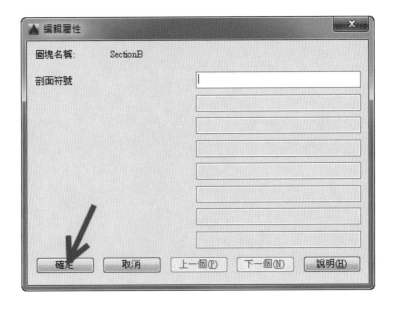

STEP 35

在參數選項板中點選翻轉。

STEP 36

以 0 , 0 為基準點，往 180 度方向點選一點。

STEP 37

將參數放置於基準點下方。

STEP 38

參數放置定位後,出現藍色箭頭符號。

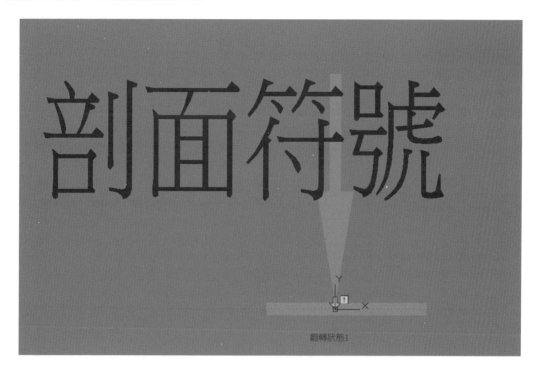

STEP 39

在參數選項板中點選翻轉,選取上方端點為基準點。

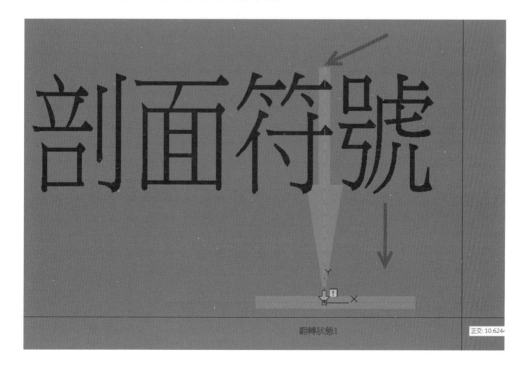

STEP 40

將參數放置於基準點上方。

STEP 41

將參數放置於右側端點下方。

STEP 42

切換至動作選項板，點選翻轉動作。

STEP 43

先選取參數。

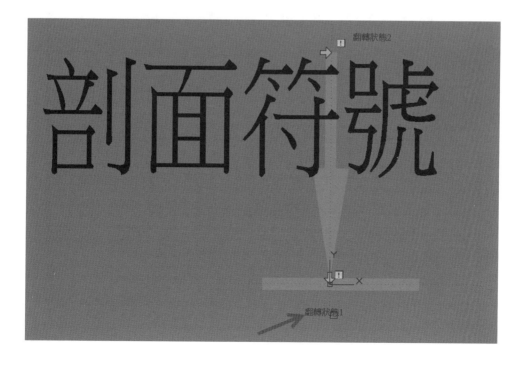

STEP 44

選取所有物件。

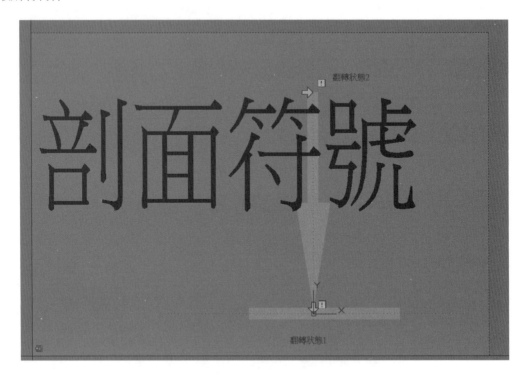

STEP 45

完成動作設定，此時會出現翻轉動作符號。

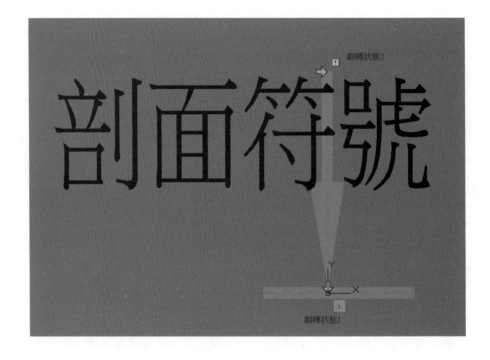

STEP 46

點選翻轉動作,先選取參數。

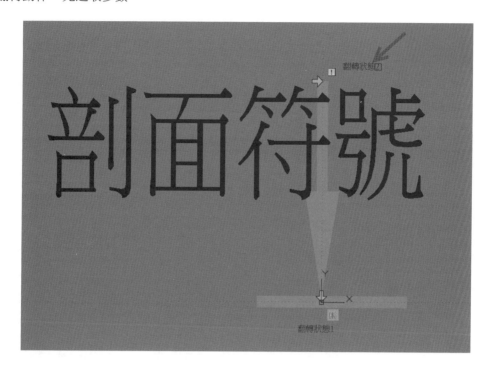

STEP 47

選取所有物件。

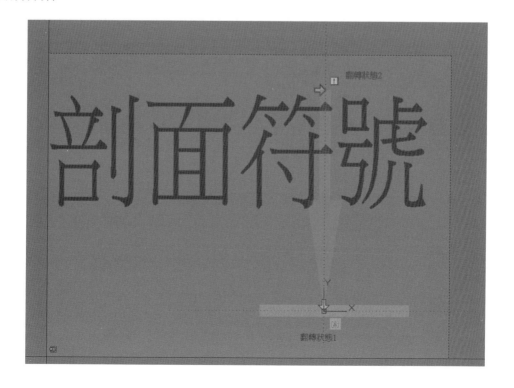

STEP 48

完成動作設定，此時會出現翻轉動作符號。

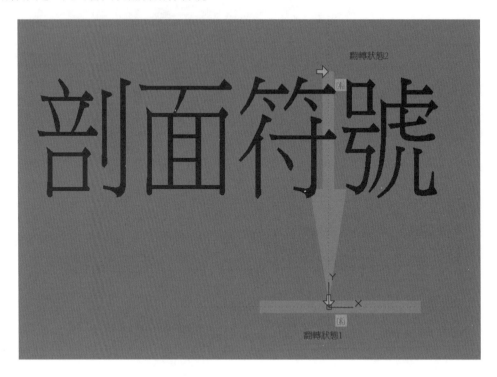

STEP 49

選取關閉圖塊編輯器，並儲存完成編輯。

STEP 50

在工具選項板上加入分隔線。

STEP 51

在工具選項板上加入分隔線。

STEP 52

輸入文字為剖面符號。

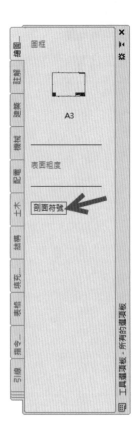

STEP 53

將製作剖面符號之圖檔，儲存在環境規劃之 Block 資料夾中，檔名為圖面符號 .dwg。

STEP 54

將製作完成之圖塊點選，改用右鍵並拖曳至工具選項板中。

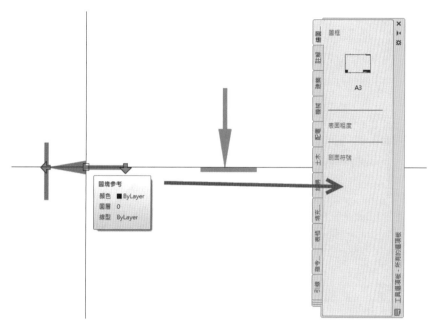

STEP 55

完成後，工具選項板出現圖示按鈕。

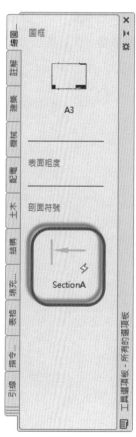

STEP 56

將製作完成之另一圖塊點選，改用右鍵並拖曳至工具選項板中。

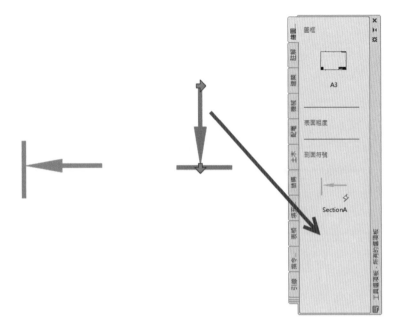

STEP 57

完成後，工具選項板出現第二個圖示按鈕。

STEP 58

將工具選項板中的兩個按鈕一起選取並按右鍵，在清單中選取性質進行設定。

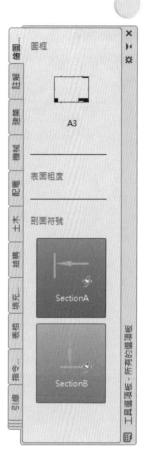

STEP 59

選取對話框中的輔助比例進行設定。

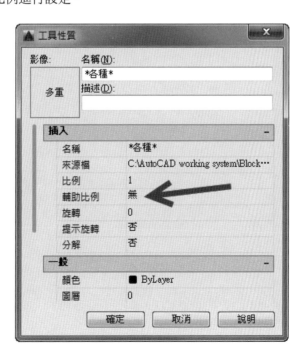

STEP 60

選擇標註比例後，再點選確定按鈕，完成設定。

PART 4

精密機件公差配合

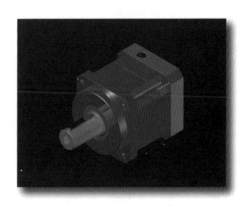

Section 1
IT 基本公差與等級

CNS 標準公差等級由 01 至 16 級，總共有 18 個等級，國際標準公差（ISO）等級由 01 至 18 級，總共有 20 個等級。等級代號分別為 IT01、IT0、IT1 、IT2、IT3……IT18 表示，IT 是 ISO 公差級數之代號，這些等級的選用，是依照配合機件所需之公差大小而定，等級小公差數值就小，等級大公差數值就大，下表所示為 ISO 標準公差，公稱尺寸為 0~500mm 各級公差數值，標準公差單位為 μm，尺寸分段單位為 mm。

ISO標準公差																		單位：μm=0.001mm
級數	01	1	2	3	4	5	6	7	8	9	10	11	12	13	14	15	16	17	18
<=3	0.3	0.5	0.8	2	3	4	6	10	14	25	40	60	100	140	250	400	600	1000	1400
> 3~6	0.4	0.6	1	2.5	4	5	8	12	18	30	48	75	120	180	300	480	750	1200	1800
> 6~10	0.4	0.6	1	2.5	4	6	9	15	22	36	58	90	150	220	360	580	900	1500	2200
> 10~18	0.5	0.8	1.2	3	5	8	11	18	27	43	70	110	180	270	430	700	1100	1800	2700
> 18~30	0.6	1	1.5	4	6	9	13	21	33	52	84	130	210	330	520	840	1300	2100	3300
> 30~50	0.6	1	1.5	4	7	11	16	25	39	62	100	160	250	390	620	1000	1600	2500	3900
> 50~80	0.8	1.2	2	5	8	13	19	30	46	74	120	190	300	460	740	1200	1900	3000	4600
> 80~120	1	1.5	2.5	6	10	15	22	35	54	87	140	220	350	540	870	1400	2200	3500	5400
> 120~180	1.2	2	3.5	8	12	18	25	40	63	100	160	250	400	630	1000	1600	2500	4000	6300
> 180~250	2	3	4.5	10	14	20	29	46	72	115	185	290	460	720	1150	1850	2900	4600	7200
> 250~315	2.5	4	6	12	16	23	32	52	81	130	210	320	520	810	1300	2100	3200	5200	8100
> 315~400	3	5	7	13	18	25	36	57	89	140	230	360	570	890	1400	2300	3600	5700	8900
> 400~500	4	6	8	15	20	27	40	63	97	155	250	400	630	970	1550	2500	4000	6300	9700

IT01~IT4 是供量規使用，IT5~IT10 供一般機械零件配合使用，IT11~IT18 用於不需要配合的部分，下面表格提供讀者選用參考：

量規類	01級	高級標準量規類。
	0級	高級標準量規類。
	1級	標準量規類。
	2級	高級量規、精密塊規。
	3級	良質量規、刀口平尺。
	4級	一般量規，研磨或超光加工等特別高級加工，與鋼珠軸承有關之高級製品。量規類
一般機械零件的配合	5級	鋼珠軸承的加工、機械研磨、精密車削及絞孔、精密研磨、精密搪孔。量規類
	6級	研磨、精密車削、鏇孔及絞孔等加工。
	7級	高級車削、拉削、搪孔研磨、高級機械絞孔加工。
	8級	兩心工作的車削、鑽孔、絞孔、轉塔車床之製品。
	9級	六角車床及自動車床等一般性的製品、中級的鑽孔、車床工作及高級銑削。量規類
	10級	一般之銑削、刨削、鑽孔、輥壓及抽製。
不需配合的部分	11級	粗車削、粗鏇孔、其他的粗加工、衝孔、精密抽拉管、衝壓工作。
	12級	抽拉管、輕壓製品。
	13級	衝壓製品、滾壓管。
	14級	模鑄法、橡膠型衝壓、殼模法。
	15級	抽拉鍛造、殼模法。
	16級	砂模鑄造、乙炔切斷。
	17級	軋製、拉製、鍛鑄。
	18級	軋製、拉製、鍛鑄。

一般無記號公差表是使用在圖面上未標註專用公差之尺寸上，請使用如下圖所示之公差表進行加工，通常我們會將一般無記號公差表製作在圖框上。

單位 mm

尺寸區分 \ 等級	精　級	中　級	粗　級
0.5 ～ 3	± 0.05	± 0.1	± 0.2
3 ～ 6			± 0.3
6 ～ 30	± 0.1	± 0.2	± 0.5
30 ～ 120	± 0.15	± 0.3	± 0.8
120 ～ 400	± 0.2	± 0.5	± 1.2
0400 ～ 1000	± 0.3	± 0.8	± 2
1000 ～ 2000	± 0.5	± 1.2	± 3

公差的種類分為兩種：1. 通用公差（又稱一般公差）：在圖上僅標註公稱尺寸數字，而在標題內或該圖近處有表明通用公差之數值；並非指定用於某一尺度，而是通用於圖上未加註公差之尺度。2. 專用公差：是專用於某一尺度之公差，在機械件須精確配合，必須對某一配合面賦予適合其機件運用功能之公差數值，該項公差數值是專為製造某一尺度所允許之差異，在圖上與該尺度數字並列。

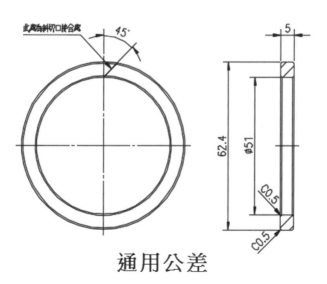

通用公差

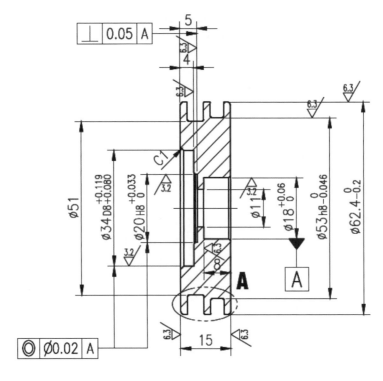

專用公差

Section 2
孔軸公差配合與幾何公差

公差符號是以拉丁字母和阿拉伯數字並列。拉丁字母即代表公差區域與零線間之位置關係，亦即一般所稱偏差位置。阿拉伯數字即代表公差級別的等級數。偏差位置以 26 個拉丁字母中除 I、L、O、Q、W 五個未被？用外，另增加 CD、EF、FG、JS、ZA、ZB、ZC 雙拼字母，共分 28 個規定位置，如圖 10-53 所示。孔以大寫字母表示，軸以小寫字母表示。孔的 H 位置，其最小極限尺寸就位於零線上；軸的 h 位置，其最大極限尺寸就位於零線上。

孔公差配合表

單位　μm

尺寸區分(mm) 超過	以下	B10	C9	C10	D8	D9	D10	E7	E8	E9	F6	F7	F8	G6	G7	H5	H6	H7	H8	H9	H10
—	3	+180 / +140	+85 / +60	+100 / +60	+34 / +20	+45 / +20	+60 / +20	+24 / +14	+28 / +14	+39 / +14	+12 / +6	+16 / +6	+20 / +6	+8 / +2	+12 / +2	+4 / 0	+6 / 0	+10 / 0	+14 / 0	+25 / 0	+40 / 0
3	6	+188 / +140	+100 / +70	+118 / +70	+48 / +30	+60 / +30	+78 / +30	+32 / +20	+38 / +20	+50 / +20	+18 / +10	+22 / +10	+28 / +10	+12 / +4	+16 / +4	+5 / 0	+8 / 0	+12 / 0	+18 / 0	+30 / 0	+48 / 0
6	10	+208 / +150	+116 / +80	+138 / +80	+62 / +40	+76 / +40	+98 / +40	+40 / +25	+47 / +25	+61 / +25	+22 / +13	+28 / +13	+35 / +13	+14 / +5	+20 / +5	+6 / 0	+9 / 0	+15 / 0	+22 / 0	+36 / 0	+58 / 0
10	14	+220 / +150	+138 / +95	+165 / +95	+77 / +50	+93 / +50	+120 / +50	+50 / +32	+59 / +32	+75 / +32	+27 / +16	+34 / +16	+43 / +16	+17 / +6	+24 / +6	+8 / 0	+11 / 0	+18 / 0	+27 / 0	+43 / 0	+70 / 0
14	18	+220 / +150	+138 / +95	+165 / +95	+77 / +50	+93 / +50	+120 / +50	+50 / +32	+59 / +32	+75 / +32	+27 / +16	+34 / +16	+43 / +16	+17 / +6	+24 / +6	+8 / 0	+11 / 0	+18 / 0	+27 / 0	+43 / 0	+70 / 0
18	24	+244 / +160	+162 / +110	+194 / +110	+98 / +65	+117 / +65	+149 / +65	+61 / +40	+73 / +40	+92 / +40	+33 / +20	+41 / +20	+53 / +20	+20 / +7	+28 / +7	+9 / 0	+13 / 0	+21 / 0	+33 / 0	+52 / 0	+84 / 0
24	30	+244 / +160	+162 / +110	+194 / +110	+98 / +65	+117 / +65	+149 / +65	+61 / +40	+73 / +40	+92 / +40	+33 / +20	+41 / +20	+53 / +20	+20 / +7	+28 / +7	+9 / 0	+13 / 0	+21 / 0	+33 / 0	+52 / 0	+84 / 0
30	40	+270 / +170	+182 / +120	+220 / +120	+119 / +80	+142 / +80	+180 / +80	+75 / +50	+89 / +50	+112 / +50	+41 / +25	+50 / +25	+64 / +25	+25 / +9	+34 / +9	+11 / 0	+16 / 0	+25 / 0	+39 / 0	+62 / 0	+100 / 0
40	50	+280 / +180	+192 / +130	+230 / +130	+119 / +80	+142 / +80	+180 / +80	+75 / +50	+89 / +50	+112 / +50	+41 / +25	+50 / +25	+64 / +25	+25 / +9	+34 / +9	+11 / 0	+16 / 0	+25 / 0	+39 / 0	+62 / 0	+100 / 0
50	65	+310 / +190	+214 / +140	+260 / +140	+146 / +100	+174 / +100	+220 / +100	+90 / +60	+106 / +60	+134 / +60	+49 / +30	+60 / +30	+76 / +30	+29 / +10	+40 / +10	+13 / 0	+19 / 0	+30 / 0	+46 / 0	+74 / 0	+120 / 0
65	80	+320 / +200	+224 / +150	+270 / +150	+146 / +100	+174 / +100	+220 / +100	+90 / +60	+106 / +60	+134 / +60	+49 / +30	+60 / +30	+76 / +30	+29 / +10	+40 / +10	+13 / 0	+19 / 0	+30 / 0	+46 / 0	+74 / 0	+120 / 0
80	100	+360 / +220	+257 / +170	+310 / +170	+174 / +120	+207 / +120	+260 / +120	+107 / +72	+126 / +72	+159 / +72	+58 / +36	+71 / +36	+90 / +36	+34 / +12	+47 / +12	+15 / 0	+22 / 0	+35 / 0	+54 / 0	+87 / 0	+140 / 0
100	120	+380 / +240	+267 / +180	+320 / +180	+174 / +120	+207 / +120	+260 / +120	+107 / +72	+126 / +72	+159 / +72	+58 / +36	+71 / +36	+90 / +36	+34 / +12	+47 / +12	+15 / 0	+22 / 0	+35 / 0	+54 / 0	+87 / 0	+140 / 0
120	140	+420 / +260	+300 / +200	+360 / +200	+208 / +145	+245 / +145	+305 / +145	+125 / +85	+148 / +85	+185 / +85	+68 / +43	+83 / +43	+106 / +43	+39 / +14	+54 / +14	+18 / 0	+25 / 0	+40 / 0	+63 / 0	+100 / 0	+160 / 0
140	160	+440 / +280	+310 / +210	+370 / +210	+208 / +145	+245 / +145	+305 / +145	+125 / +85	+148 / +85	+185 / +85	+68 / +43	+83 / +43	+106 / +43	+39 / +14	+54 / +14	+18 / 0	+25 / 0	+40 / 0	+63 / 0	+100 / 0	+160 / 0
160	180	+470 / +310	+330 / +230	+390 / +230	+208 / +145	+245 / +145	+305 / +145	+125 / +85	+148 / +85	+185 / +85	+68 / +43	+83 / +43	+106 / +43	+39 / +14	+54 / +14	+18 / 0	+25 / 0	+40 / 0	+63 / 0	+100 / 0	+160 / 0
180	200	+525 / +340	+355 / +240	+425 / +240	+242 / +170	+285 / +170	+355 / +170	+146 / +100	+172 / +100	+215 / +100	+79 / +50	+96 / +50	+122 / +50	+44 / +15	+61 / +15	+20 / 0	+29 / 0	+46 / 0	+72 / 0	+115 / 0	+185 / 0
200	225	+565 / +380	+375 / +260	+445 / +260	+242 / +170	+285 / +170	+355 / +170	+146 / +100	+172 / +100	+215 / +100	+79 / +50	+96 / +50	+122 / +50	+44 / +15	+61 / +15	+20 / 0	+29 / 0	+46 / 0	+72 / 0	+115 / 0	+185 / 0
225	250	+605 / +420	+395 / +280	+465 / +280	+242 / +170	+285 / +170	+355 / +170	+146 / +100	+172 / +100	+215 / +100	+79 / +50	+96 / +50	+122 / +50	+44 / +15	+61 / +15	+20 / 0	+29 / 0	+46 / 0	+72 / 0	+115 / 0	+185 / 0
250	280	+690 / +480	+430 / +300	+510 / +300	+271 / +190	+320 / +190	+400 / +190	+162 / +110	+191 / +110	+240 / +110	+88 / +56	+108 / +56	+137 / +56	+49 / +17	+69 / +17	+23 / 0	+32 / 0	+52 / 0	+81 / 0	+130 / 0	+210 / 0
280	315	+750 / +540	+460 / +330	+540 / +330	+271 / +190	+320 / +190	+400 / +190	+162 / +110	+191 / +110	+240 / +110	+88 / +56	+108 / +56	+137 / +56	+49 / +17	+69 / +17	+23 / 0	+32 / 0	+52 / 0	+81 / 0	+130 / 0	+210 / 0
315	355	+830 / +600	+500 / +360	+590 / +360	+299 / +210	+350 / +210	+440 / +210	+182 / +125	+214 / +125	+265 / +125	+98 / +62	+119 / +62	+151 / +62	+54 / +18	+75 / +18	+25 / 0	+36 / 0	+57 / 0	+89 / 0	+140 / 0	+230 / 0
355	400	+910 / +680	+540 / +400	+630 / +400	+299 / +210	+350 / +210	+440 / +210	+182 / +125	+214 / +125	+265 / +125	+98 / +62	+119 / +62	+151 / +62	+54 / +18	+75 / +18	+25 / 0	+36 / 0	+57 / 0	+89 / 0	+140 / 0	+230 / 0
400	450	+1010 / +760	+595 / +440	+690 / +440	+327 / +230	+385 / +230	+480 / +230	+198 / +135	+232 / +135	+290 / +135	+108 / +68	+131 / +68	+165 / +68	+60 / +20	+83 / +20	+27 / 0	+40 / 0	+63 / 0	+97 / 0	+155 / 0	+250 / 0
450	500	+1090 / +840	+635 / +480	+730 / +480	+327 / +230	+385 / +230	+480 / +230	+198 / +135	+232 / +135	+290 / +135	+108 / +68	+131 / +68	+165 / +68	+60 / +20	+83 / +20	+27 / 0	+40 / 0	+63 / 0	+97 / 0	+155 / 0	+250 / 0

備考　表格中，上段的數值為尺寸公差上限值，下段的數值為尺寸公差下限值。

孔公差配合表

單位　μm

尺寸區分(mm) 超過	以下	JS5	JS6	JS7	K5	K6	K7	M5	M6	M7	N6	N7	P6	P7	R7	S7	T7	U7	X7
—	3	± 2	± 3	± 5	0 / −4	0 / −6	0 / −10	−2 / −6	−2 / −8	−2 / −12	−4 / −10	−4 / −14	−6 / −12	−6 / −16	−10 / −20	−14 / −24	—	−18 / −28	−20 / −30
3	6	± 2.5	± 4	± 6	0 / −5	+2 / −6	+3 / −9	−3 / −8	−1 / −9	0 / −12	−5 / −13	−4 / −16	−9 / −17	−8 / −20	−11 / −23	−15 / −27	—	−19 / −31	−24 / −36
6	10	± 3	± 4.5	± 7.5	+1 / −5	+2 / −7	+5 / −10	−4 / −10	−3 / −12	0 / −15	−7 / −16	−4 / −19	−12 / −21	−9 / −24	−13 / −28	−17 / −32	—	−22 / −37	−28 / −43
10	14	± 4	± 5.5	± 9	+2 / −6	+2 / −9	+6 / −12	−4 / −12	−4 / −15	0 / −18	−9 / −20	−5 / −23	−15 / −26	−11 / −29	−16 / −34	−21 / −39	—	−26 / −44	−33 / −51
14	18																		−38 / −56
18	24	± 4.5	± 6.5	± 10.5	+1 / −8	+2 / −11	+6 / −15	−5 / −14	−4 / −17	0 / −21	−11 / −24	−7 / −28	−18 / −31	−14 / −35	−20 / −41	−27 / −48	—	−33 / −54	−46 / −67
24	30																−33 / −54	−40 / −61	−56 / −77
30	40	± 5.5	± 8	± 12.5	+2 / −9	+3 / −13	+7 / −18	−5 / −16	−4 / −20	0 / −25	−12 / −28	−8 / −33	−21 / −37	−17 / −42	−25 / −50	−34 / −59	−39 / −64	−51 / −76	—
40	50																−45 / −70	−61 / −86	—
50	65	± 6.5	± 9.5	± 15	+3 / −10	+4 / −15	+9 / −21	−6 / −19	−5 / −24	0 / −30	−14 / −33	−9 / −39	−26 / −45	−21 / −51	−30 / −60	−42 / −72	−55 / −85	−76 / −106	—
65	80															−32 / −62	−48 / −78	−64 / −94	−91 / −121	—
80	100	± 7.5	± 11	± 17.5	+2 / −13	+4 / −18	+10 / −25	−8 / −23	−6 / −28	0 / −35	−16 / −38	−10 / −45	−30 / −52	−24 / −59	−38 / −73	−58 / −93	−78 / −113	−111 / −146	
100	120															−41 / −76	−66 / −101	−91 / −126	−131 / −166	
120	140	± 9	± 12.5	± 20	+3 / −15	+4 / −21	+12 / −28	−9 / −27	−8 / −33	0 / −40	−20 / −45	−12 / −52	−36 / −61	−28 / −68	−48 / −88	−77 / −117	−107 / −147		
140	160															−50 / −90	−85 / −125	−119 / −159	—	—
160	180															−53 / −93	−93 / −133	−131 / −171		
180	200	± 10	± 14.5	± 23	+2 / −18	+5 / −24	+13 / −33	−11 / −31	−8 / −37	0 / −46	−22 / −51	−14 / −60	−41 / −70	−33 / −79	−60 / −106	−105 / −151			
200	225															−63 / −109	−113 / −159			
225	250															−67 / −113	−123 / −169			
250	280	± 11.5	± 16	± 26	+3 / −20	+5 / −27	+16 / −36	−13 / −36	−9 / −41	0 / −52	−25 / −57	−14 / −66	−47 / −79	−36 / −88	−74 / −126				
280	315															−78 / −130				
315	355	± 12.5	± 18	± 28.5	+3 / −22	+7 / −29	+17 / −40	−14 / −39	−10 / −46	0 / −57	−26 / −62	−16 / −73	−51 / −87	−41 / −98	−87 / −144				
355	400															−93 / −150				
400	450	± 13.5	± 20	± 31.5	+2 / −25	+8 / −32	+18 / −45	−16 / −43	−10 / −50	0 / −63	−27 / −67	−17 / −80	−55 / −95	−45 / −108	−103 / −166				
450	500															−109 / −172				

備考　表格中，上段的數值為尺寸公差上限值，下段的數值為尺寸公差下限值。

軸公差配合表

單位 μm

尺寸區分 (mm)		b	c	d		e			f			g			h					
超過	以下	b9	c9	d8	d9	e7	e8	e9	f6	f7	f8	g4	g5	g6	h4	h5	h6	h7	h8	h9
—	3	−140 / −165	−60 / −85	−20 / −34	−20 / −45	−14 / −24	−14 / −28	−14 / −39	−6 / −12	−6 / −16	−6 / −20	−2 / −5	−2 / −6	−2 / −8	0 / −3	0 / −4	0 / −6	0 / −10	0 / −14	0 / −25
3	6	−140 / −170	−70 / −100	−30 / −48	−30 / −60	−20 / −32	−20 / −38	−20 / −50	−10 / −18	−10 / −22	−10 / −28	−4 / −8	−4 / −9	−4 / −12	0 / −4	0 / −5	0 / −8	0 / −12	0 / −18	0 / −30
6	10	−150 / −186	−80 / −116	−40 / −62	−40 / −76	−25 / −40	−25 / −47	−25 / −61	−13 / −22	−13 / −28	−13 / −35	−5 / −9	−5 / −11	−5 / −14	0 / −4	0 / −6	0 / −9	0 / −15	0 / −22	0 / −36
10	14	−150 / −193	−95 / −138	−50 / −77	−50 / −93	−32 / −50	−32 / −59	−32 / −75	−16 / −27	−16 / −34	−16 / −43	−6 / −11	−6 / −14	−6 / −17	0 / −5	0 / −8	0 / −11	0 / −18	0 / −27	0 / −43
14	18	−150 / −193	−95 / −138	−50 / −77	−50 / −93	−32 / −50	−32 / −59	−32 / −75	−16 / −27	−16 / −34	−16 / −43	−6 / −11	−6 / −14	−6 / −17	0 / −5	0 / −8	0 / −11	0 / −18	0 / −27	0 / −43
18	24	−160 / −212	−110 / −162	−65 / −98	−65 / −117	−40 / −61	−40 / −73	−40 / −92	−20 / −33	−20 / −41	−20 / −53	−7 / −13	−7 / −16	−7 / −20	0 / −6	0 / −9	0 / −13	0 / −21	0 / −33	0 / −52
24	30	−160 / −212	−110 / −162	−65 / −98	−65 / −117	−40 / −61	−40 / −73	−40 / −92	−20 / −33	−20 / −41	−20 / −53	−7 / −13	−7 / −16	−7 / −20	0 / −6	0 / −9	0 / −13	0 / −21	0 / −33	0 / −52
30	40	−170 / −232	−120 / −182	−80 / −119	−80 / −142	−50 / −75	−50 / −89	−50 / −112	−25 / −41	−25 / −50	−25 / −64	−9 / −16	−9 / −20	−9 / −25	0 / −7	0 / −11	0 / −16	0 / −25	0 / −39	0 / −62
40	50	−180 / −242	−130 / −192	−80 / −119	−80 / −142	−50 / −75	−50 / −89	−50 / −112	−25 / −41	−25 / −50	−25 / −64	−9 / −16	−9 / −20	−9 / −25	0 / −7	0 / −11	0 / −16	0 / −25	0 / −39	0 / −62
50	65	−190 / −264	−140 / −214	−100 / −146	−100 / −174	−60 / −90	−60 / −106	−60 / −134	−30 / −49	−30 / −60	−30 / −76	−10 / −18	−10 / −23	−10 / −29	0 / −8	0 / −13	0 / −19	0 / −30	0 / −46	0 / −74
65	80	−200 / −274	−150 / −224	−100 / −146	−100 / −174	−60 / −90	−60 / −106	−60 / −134	−30 / −49	−30 / −60	−30 / −76	−10 / −18	−10 / −23	−10 / −29	0 / −8	0 / −13	0 / −19	0 / −30	0 / −46	0 / −74
80	100	−220 / −307	−170 / −257	−120 / −174	−120 / −207	−72 / −107	−72 / −126	−72 / −159	−36 / −58	−36 / −71	−36 / −90	−12 / −22	−12 / −27	−12 / −34	0 / −10	0 / −15	0 / −22	0 / −35	0 / −54	0 / −87
100	120	−240 / −327	−180 / −267	−120 / −174	−120 / −207	−72 / −107	−72 / −126	−72 / −159	−36 / −58	−36 / −71	−36 / −90	−12 / −22	−12 / −27	−12 / −34	0 / −10	0 / −15	0 / −22	0 / −35	0 / −54	0 / −87
120	140	−260 / −360	−200 / −300	−145 / −208	−145 / −245	−85 / −125	−85 / −148	−85 / −185	−43 / −68	−43 / −83	−43 / −106	−14 / −26	−14 / −32	−14 / −39	0 / −12	0 / −18	0 / −25	0 / −40	0 / −63	0 / −100
140	160	−280 / −380	−210 / −310	−145 / −208	−145 / −245	−85 / −125	−85 / −148	−85 / −185	−43 / −68	−43 / −83	−43 / −106	−14 / −26	−14 / −32	−14 / −39	0 / −12	0 / −18	0 / −25	0 / −40	0 / −63	0 / −100
160	180	−310 / −410	−230 / −330	−145 / −208	−145 / −245	−85 / −125	−85 / −148	−85 / −185	−43 / −68	−43 / −83	−43 / −106	−14 / −26	−14 / −32	−14 / −39	0 / −12	0 / −18	0 / −25	0 / −40	0 / −63	0 / −100
180	200	−340 / −455	−240 / −355	−170 / −242	−170 / −285	−100 / −146	−100 / −172	−100 / −215	−50 / −79	−50 / −96	−50 / −122	−15 / −29	−15 / −35	−15 / −44	0 / −14	0 / −20	0 / −29	0 / −46	0 / −72	0 / −115
200	225	−380 / −495	−260 / −375	−170 / −242	−170 / −285	−100 / −146	−100 / −172	−100 / −215	−50 / −79	−50 / −96	−50 / −122	−15 / −29	−15 / −35	−15 / −44	0 / −14	0 / −20	0 / −29	0 / −46	0 / −72	0 / −115
225	250	−420 / −535	−280 / −395	−170 / −242	−170 / −285	−100 / −146	−100 / −172	−100 / −215	−50 / −79	−50 / −96	−50 / −122	−15 / −29	−15 / −35	−15 / −44	0 / −14	0 / −20	0 / −29	0 / −46	0 / −72	0 / −115
250	280	−480 / −610	−300 / −430	−190 / −271	−190 / −320	−110 / −162	−110 / −191	−110 / −240	−56 / −88	−56 / −108	−56 / −137	−17 / −33	−17 / −40	−17 / −49	0 / −16	0 / −23	0 / −32	0 / −52	0 / −81	0 / −130
280	315	−540 / −670	−330 / −460	−190 / −271	−190 / −320	−110 / −162	−110 / −191	−110 / −240	−56 / −88	−56 / −108	−56 / −137	−17 / −33	−17 / −40	−17 / −49	0 / −16	0 / −23	0 / −32	0 / −52	0 / −81	0 / −130
315	355	−600 / −740	−360 / −500	−210 / −299	−210 / −350	−125 / −182	−125 / −214	−125 / −265	−62 / −98	−62 / −119	−62 / −151	−18 / −36	−18 / −43	−18 / −54	0 / −18	0 / −25	0 / −36	0 / −57	0 / −89	0 / −140
355	400	−680 / −820	−400 / −540	−210 / −299	−210 / −350	−125 / −182	−125 / −214	−125 / −265	−62 / −98	−62 / −119	−62 / −151	−18 / −36	−18 / −43	−18 / −54	0 / −18	0 / −25	0 / −36	0 / −57	0 / −89	0 / −140
400	450	−760 / −915	−440 / −595	−230 / −327	−230 / −385	−135 / −198	−135 / −232	−135 / −290	−68 / −108	−68 / −131	−68 / −165	−20 / −40	−20 / −47	−20 / −60	0 / −20	0 / −27	0 / −40	0 / −63	0 / −97	0 / −155
450	500	−840 / −995	−480 / −635	−230 / −327	−230 / −385	−135 / −198	−135 / −232	−135 / −290	−68 / −108	−68 / −131	−68 / −165	−20 / −40	−20 / −47	−20 / −60	0 / −20	0 / −27	0 / −40	0 / −63	0 / −97	0 / −155

備考 表格中，上段的數值為尺寸公差上限值，下段的數值為尺寸公差下限值。

軸公差配合表

單位 μm

尺寸區分(mm) 超過	以下	js4	js5	js6	js7	k4	k5	k6	m4	m5	m6	n6	p6	r6	s6	t6	u6	x6
—	3	± 1.5	± 2	± 3	± 5	+ 3	+ 4 / 0	+ 6	+ 5	+ 6 / + 2	+ 8	+ 10 / + 4	+ 12 / + 6	+ 16 / + 10	+ 20 / + 14	—	+ 24 / + 18	+ 26 / + 20
3	6	± 2	± 2.5	± 4	± 6	+ 5	+ 6 / + 1	+ 9	+ 8	+ 9 / + 4	+ 12	+ 16 / + 8	+ 20 / + 12	+ 23 / + 15	+ 27 / + 19	—	+ 31 / + 23	+ 36 / + 28
6	10	± 2	± 3	± 4.5	± 7.5	+ 5	+ 7 / + 1	+ 10	+ 10	+ 12 / + 6	+ 15	+ 19 / + 10	+ 24 / + 15	+ 28 / + 19	+ 32 / + 23	—	+ 37 / + 28	+ 43 / + 34
10	14	± 2.5	± 4	± 5.5	± 9	+ 6	+ 9 / + 1	+ 12	+ 12	+ 15 / + 7	+ 18	+ 23 / + 12	+ 29 / + 18	+ 34 / + 23	+ 39 / + 28	—	+ 44 / + 33	+ 51 / + 40
14	18	± 2.5	± 4	± 5.5	± 9	+ 6	+ 9 / + 1	+ 12	+ 12	+ 15 / + 7	+ 18	+ 23 / + 12	+ 29 / + 18	+ 34 / + 23	+ 39 / + 28	—	+ 44 / + 33	+ 56 / + 45
18	24	± 3	± 4.5	± 6.5	± 10.5	+ 8	+ 11 / + 2	+ 15	+ 14	+ 17 / + 8	+ 21	+ 28 / + 15	+ 35 / + 22	+ 41 / + 28	+ 48 / + 35	—	+ 54 / + 41	+ 67 / + 54
24	30	± 3	± 4.5	± 6.5	± 10.5	+ 8	+ 11 / + 2	+ 15	+ 14	+ 17 / + 8	+ 21	+ 28 / + 15	+ 35 / + 22	+ 41 / + 28	+ 48 / + 35	+ 54 / + 41	+ 61 / + 48	+ 77 / + 64
30	40	± 3.5	± 5.5	± 8	± 12.5	+ 9	+ 13 / + 2	+ 18	+ 16	+ 20 / + 9	+ 25	+ 33 / + 17	+ 42 / + 26	+ 50 / + 34	+ 59 / + 43	+ 64 / + 48	+ 76 / + 60	—
40	50	± 3.5	± 5.5	± 8	± 12.5	+ 9	+ 13 / + 2	+ 18	+ 16	+ 20 / + 9	+ 25	+ 33 / + 17	+ 42 / + 26	+ 50 / + 34	+ 59 / + 43	+ 70 / + 54	+ 86 / + 70	—
50	65	± 4	± 6.5	± 9.5	± 15	+ 10	+ 15 / + 2	+ 21	+ 19	+ 24 / + 11	+ 30	+ 39 / + 20	+ 51 / + 32	+ 60 / + 41	+ 72 / + 53	+ 85 / + 66	+ 106 / + 87	—
65	80	± 4	± 6.5	± 9.5	± 15	+ 10	+ 15 / + 2	+ 21	+ 19	+ 24 / + 11	+ 30	+ 39 / + 20	+ 51 / + 32	+ 62 / + 43	+ 78 / + 59	+ 94 / + 75	+ 121 / + 102	—
80	100	± 5	± 7.5	± 11	± 17.5	+ 13	+ 18 / + 3	+ 25	+ 23	+ 28 / + 13	+ 35	+ 45 / + 23	+ 59 / + 37	+ 73 / + 51	+ 93 / + 71	+ 113 / + 91	+ 146 / + 124	—
100	120	± 5	± 7.5	± 11	± 17.5	+ 13	+ 18 / + 3	+ 25	+ 23	+ 28 / + 13	+ 35	+ 45 / + 23	+ 59 / + 37	+ 76 / + 54	+ 101 / + 79	+ 126 / + 104	+ 166 / + 144	—
120	140	± 6	± 9	± 12.5	± 20	+ 15	+ 21 / + 3	+ 28	+ 27	+ 33 / + 15	+ 40	+ 52 / + 27	+ 68 / + 43	+ 88 / + 63	+ 117 / + 92	+ 147 / + 122	—	—
140	160	± 6	± 9	± 12.5	± 20	+ 15	+ 21 / + 3	+ 28	+ 27	+ 33 / + 15	+ 40	+ 52 / + 27	+ 68 / + 43	+ 90 / + 65	+ 125 / + 100	+ 159 / + 134	—	—
160	180	± 6	± 9	± 12.5	± 20	+ 15	+ 21 / + 3	+ 28	+ 27	+ 33 / + 15	+ 40	+ 52 / + 27	+ 68 / + 43	+ 93 / + 68	+ 133 / + 108	+ 171 / + 146	—	—
180	200	± 7	± 10	± 14.5	± 23	+ 18	+ 24 / + 4	+ 33	+ 31	+ 37 / + 17	+ 46	+ 60 / + 31	+ 79 / + 50	+ 106 / + 77	+ 151 / + 122	—	—	—
200	225	± 7	± 10	± 14.5	± 23	+ 18	+ 24 / + 4	+ 33	+ 31	+ 37 / + 17	+ 46	+ 60 / + 31	+ 79 / + 50	+ 109 / + 80	+ 159 / + 130	—	—	—
225	250	± 7	± 10	± 14.5	± 23	+ 18	+ 24 / + 4	+ 33	+ 31	+ 37 / + 17	+ 46	+ 60 / + 31	+ 79 / + 50	+ 113 / + 84	+ 169 / + 140	—	—	—
250	280	± 8	± 11.5	± 16	± 26	+ 20	+ 27 / + 4	+ 36	+ 36	+ 43 / + 20	+ 52	+ 66 / + 34	+ 88 / + 56	+ 126 / + 94	—	—	—	—
280	315	± 8	± 11.5	± 16	± 26	+ 20	+ 27 / + 4	+ 36	+ 36	+ 43 / + 20	+ 52	+ 66 / + 34	+ 88 / + 56	+ 130 / + 98	—	—	—	—
315	355	± 9	± 12.5	± 18	± 28.5	+ 22	+ 29 / + 4	+ 40	+ 39	+ 46 / + 21	+ 57	+ 73 / + 37	+ 98 / + 62	+ 144 / + 108	—	—	—	—
355	400	± 9	± 12.5	± 18	± 28.5	+ 22	+ 29 / + 4	+ 40	+ 39	+ 46 / + 21	+ 57	+ 73 / + 37	+ 98 / + 62	+ 150 / + 114	—	—	—	—
400	450	± 10	± 13.5	± 20	± 31.5	+ 25	+ 32 / + 5	+ 45	+ 43	+ 50 / + 23	+ 63	+ 80 / + 40	+ 108 / + 68	− 166 / − 126	—	—	—	—
450	500	± 10	± 13.5	± 20	± 31.5	+ 25	+ 32 / + 5	+ 45	+ 43	+ 50 / + 23	+ 63	+ 80 / + 40	+ 108 / + 68	− 172 / − 132	—	—	—	—

備考　表格中,上段的數值為尺寸公差上限值,下段的數值為尺寸公差下限值。

何謂幾何公差？是一種幾何形態、方向、位置、偏轉度在定出一個公差區域，而該形態（表面、軸線、或中心平面）必須位於此公差區域內的控制要求。幾何公差的目的：1. 提高產品工作性質與工作精度。2. 使用壽命與互換性。3. 減少發生裝配的問題。4. 使用相關要求，可提高產品合格率。5. 降低製造成本。

幾何公差符號表

公差形態	公差類型	幾何特性	符號	有無基準
單一形態	形狀公差	真直度	—	無
		平面度	▱	無
		真圓度	○	無
		圓柱度	⌭	無
		曲線輪廓度	⌒	無
		曲面輪廓度	⌓	無
相關形態	方向公差	平行度	//	有
		垂直度	⊥	有
		傾斜度	∠	有
		曲線輪廓度	⌒	有
		曲面輪廓度	⌓	有
	位置公差	位置度	⊕	有或無
		同心度	◎	有
		同軸度	◎	有
		對稱度	=	有
		曲線輪廓度	⌒	有
		曲面輪廓度	⌓	有
	偏擺度公差	偏擺度	↗	有
		總偏擺度	↗↗	有

Section 3
表面粗糙度圖塊製作及應用

國家標準中表面粗糙度符號有明確訂定，接下來的教學內容，讓各位讀者可以將工具選項板及動態圖塊功能結合，製作出標準的表面粗糙度符號，使表面粗度符號能夠快速方便地進行圖面標註。

STEP 1

開啟新圖檔，使用 Polygon 指令，使用邊 (E) 模式，邊長為 3mm，繪製一正三角形，如下圖所示。

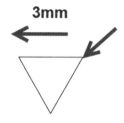

STEP 2

使用 Explode 指令，將圖形分解。

STEP 3

使用掣點拉伸功能，將圖中所示之線段增長 4 mm。

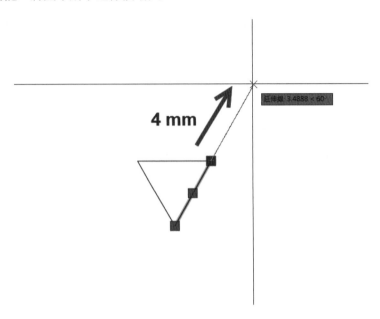

STEP 4

使用 Dtext 指令，對正方式為正中、字高為 1.8，以圖中水平線段中點為基準點，往上方物件鎖點追蹤 1.5mm。

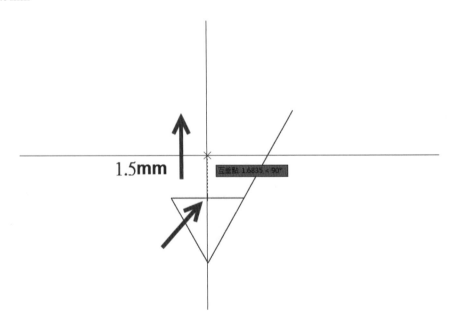

STEP 5

輸入文字為 0.2。

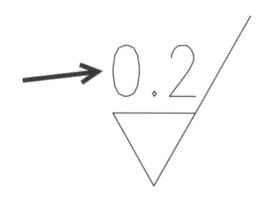

STEP 6

使用 Copy 指令，將圖中 0.2 文字進行複製。

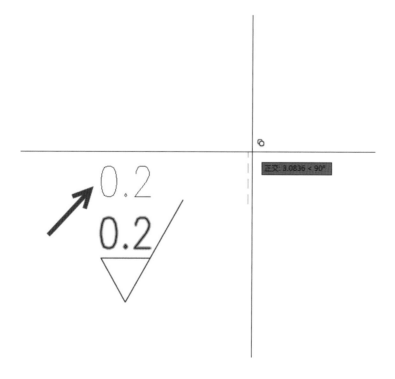

STEP 7

連續複製八次，如下圖所示。

0.2
0.2
0.2
0.2
0.2
0.2
0.2
0.2
0.2

STEP 8

使用文字編輯進行修改，修改後如下圖。

50
25
12.5
6.3
3.2
1.6
0.8
0.4
0.2

STEP 9

使用 Copy 指令，將圖中第一組符號進行複製，往右側複製三組。

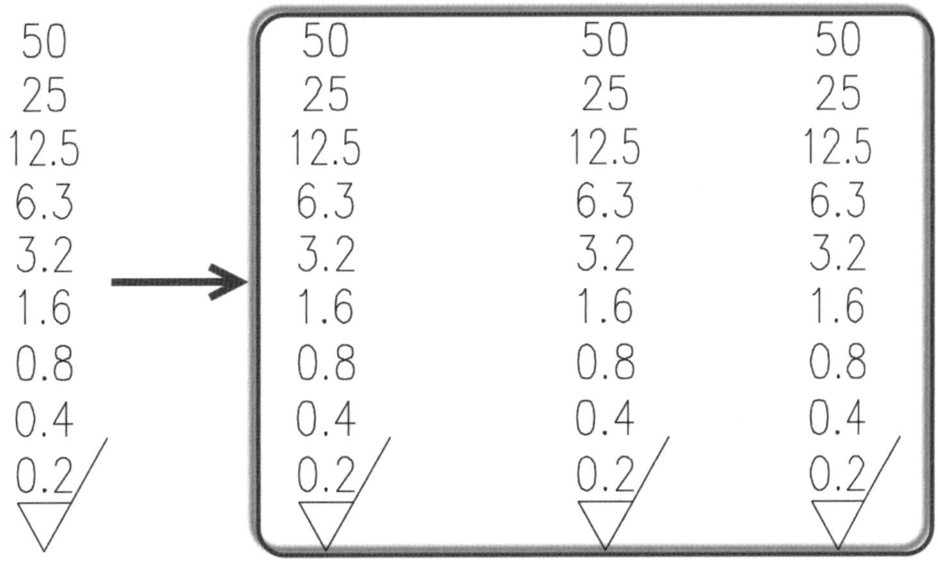

50	50	50	50
25	25	25	25
12.5	12.5	12.5	12.5
6.3	6.3	6.3	6.3
3.2	3.2	3.2	3.2
1.6	1.6	1.6	1.6
0.8	0.8	0.8	0.8
0.4	0.4	0.4	0.4
0.2	0.2	0.2	0.2

STEP 10

接下來進行圖形修改，修改後如下圖所示，箭頭指示之水平線對為 3mm。

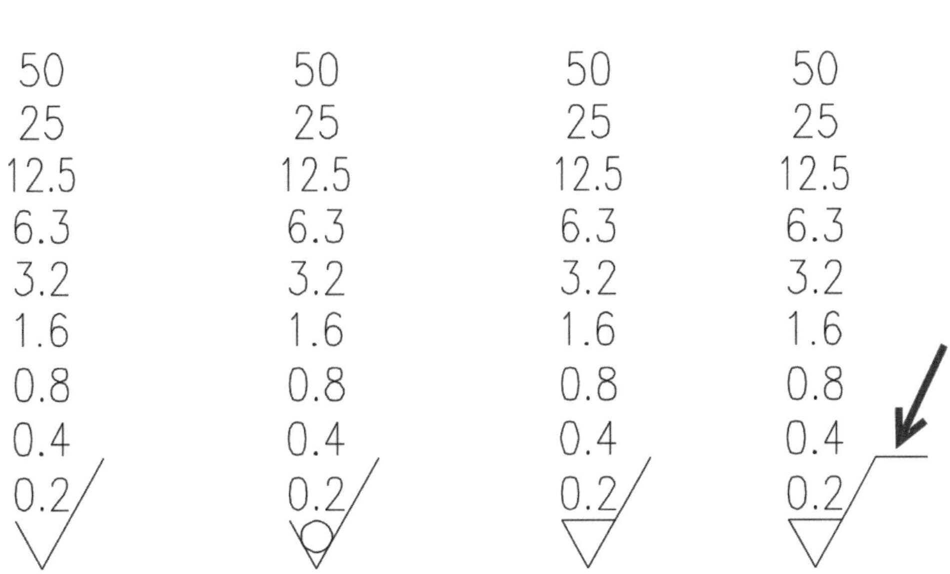

50	50	50	50
25	25	25	25
12.5	12.5	12.5	12.5
6.3	6.3	6.3	6.3
3.2	3.2	3.2	3.2
1.6	1.6	1.6	1.6
0.8	0.8	0.8	0.8
0.4	0.4	0.4	0.4
0.2	0.2	0.2	0.2

STEP 11

使用 Attdef 指令，標籤為加工方法、對正方式為正中、文字型式為 Standard、文字高度為 1.8，設定完成後，點選確定按鈕。

STEP 12

將屬性置入水平線段之中點，往上物件鎖點追蹤 1.5mm 之距離。

50	50	50	50
25	25	25	25
12.5	12.5	12.5	12.5
6.3	6.3	6.3	6.3
3.2	3.2	3.2	3.2
1.6	1.6	1.6	1.6
0.8	0.8	0.8	0.8
0.4	0.4	0.4	0.4
0.2	0.2	0.2	0.2

加工方法

中點: 1.7041 < 90°

STEP 13

完成後如下圖所示。

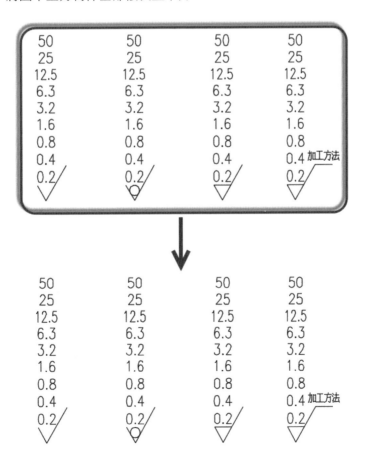

STEP 14

使用 Copy 指令，將圖中上方物件全部複製至下方。

STEP 15

將下方四組圖形進行修改，如下圖所示，使用 Rotate 指令，以符號下方端點為基準點，旋轉角度為 90 度。

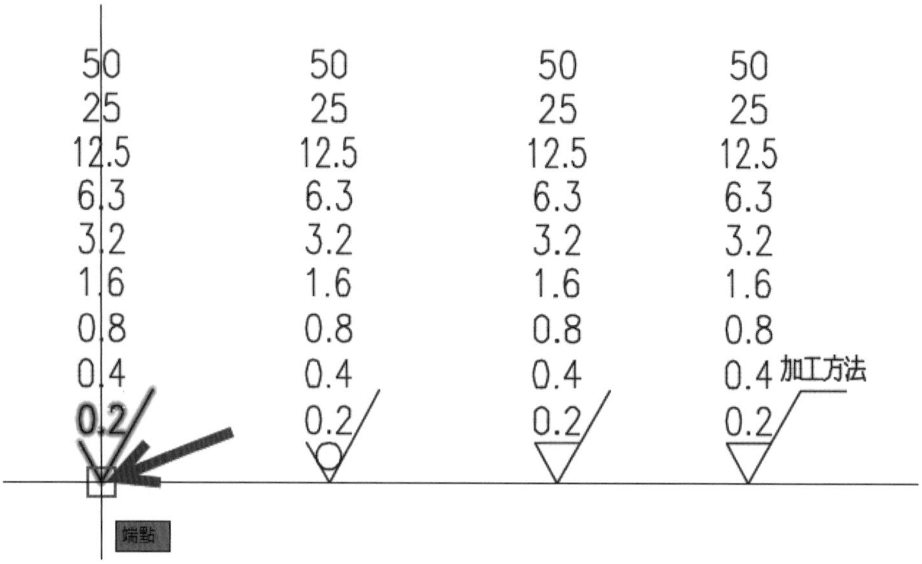

STEP 16

四組物件分別旋轉後，如下圖所示。

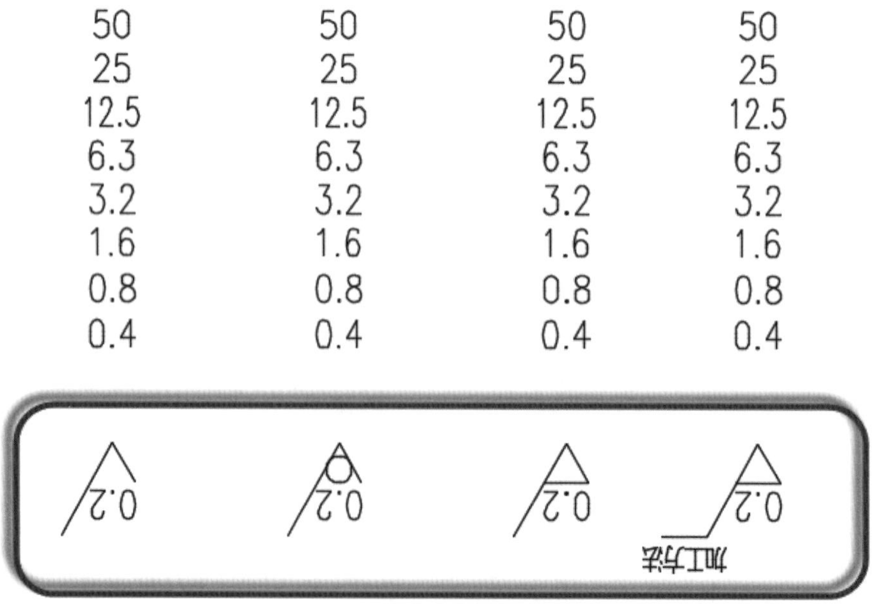

STEP 17

使用掣點將圖中 0.2 之文字點選。

50	50	50	50
25	25	25	25
12.5	12.5	12.5	12.5
6.3	6.3	6.3	6.3
3.2	3.2	3.2	3.2
1.6	1.6	1.6	1.6
0.8	0.8	0.8	0.8
0.4	0.4	0.4	0.4

STEP 18

在性質對話框中,修改文字旋轉角度。

STEP 19

將文字旋轉角度修改為 0 度。

STEP 20

四組物件分別旋轉後，如下圖所示。

50	50	50	50
25	25	25	25
12.5	12.5	12.5	12.5
6.3	6.3	6.3	6.3
3.2	3.2	3.2	3.2
1.6	1.6	1.6	1.6
0.8	0.8	0.8	0.8
0.4	0.4	0.4	0.4

STEP 21

使用掣點將圖中加工方法屬性點選。

50	50	50	50
25	25	25	25
12.5	12.5	12.5	12.5
6.3	6.3	6.3	6.3
3.2	3.2	3.2	3.2
1.6	1.6	1.6	1.6
0.8	0.8	0.8	0.8
0.4	0.4	0.4	0.4

STEP 22

在性質對話框中，修改文字旋轉角度。

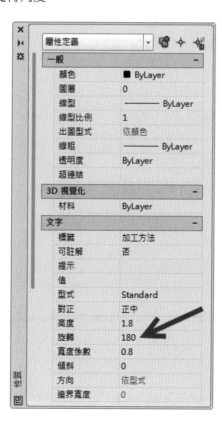

STEP 23

將文字旋轉角度修改為 0 度。

STEP 24

四組物件修改完成後，如下圖所示。

50	50	50	50
25	25	25	25
12.5	12.5	12.5	12.5
6.3	6.3	6.3	6.3
3.2	3.2	3.2	3.2
1.6	1.6	1.6	1.6
0.8	0.8	0.8	0.8
0.4	0.4	0.4	0.4

加工方法

STEP 25

使用 Block 指令，圖塊名稱為 SR1、選取轉換成圖塊、核取在圖塊編輯器中開啟，點選基準點按
鈕。

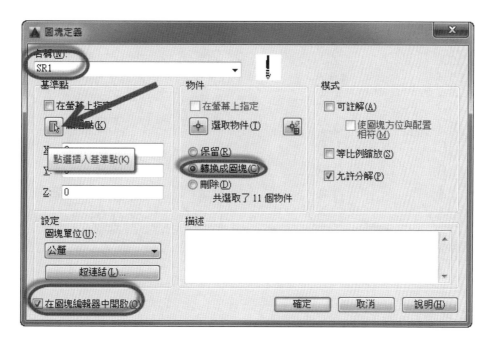

STEP 26

選取如下圖框選之物件。

```
50        50        50        50
25        25        25        25
12.5      12.5      12.5      12.5
6.3       6.3       6.3       6.3
3.2       3.2       3.2       3.2
1.6       1.6       1.6       1.6
0.8       0.8       0.8       0.8
0.4       0.4       0.4       0.4 加工方法
0.2       0.2       0.2       0.2
```

STEP 27

基準點選取如圖中所示之中點。

STEP 28

完成後,點選確定按鈕。

STEP 29

進入圖塊編輯器中，切換至參數選項板點選對其參數。

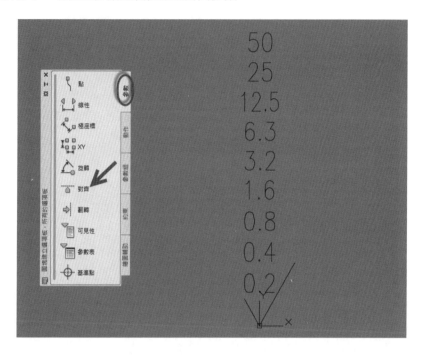

STEP 30

選取如下圖箭頭指示之基準點，並向左拖曳後定義一點。

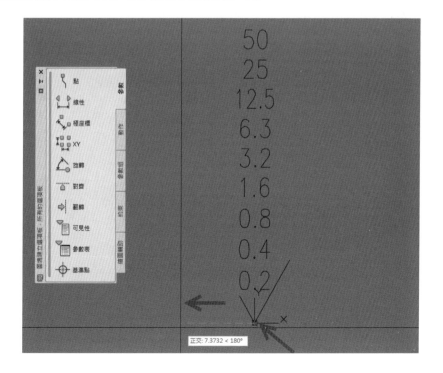

STEP 31

完成對齊設定。

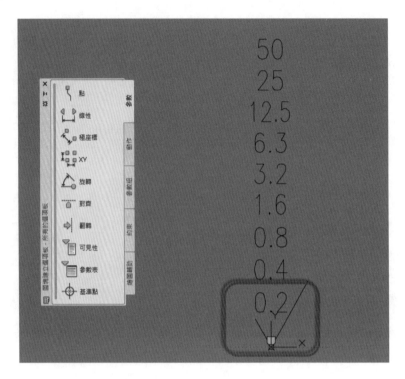

STEP 32

在參數選項板上點選可見性參數按鈕。

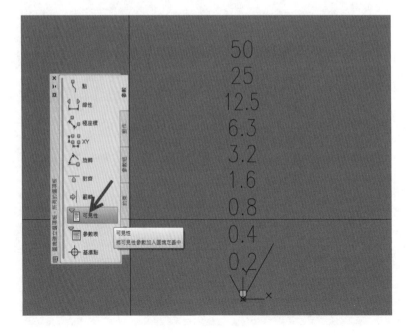

STEP 33

將可見性參數放置在如下圖所示之端點。

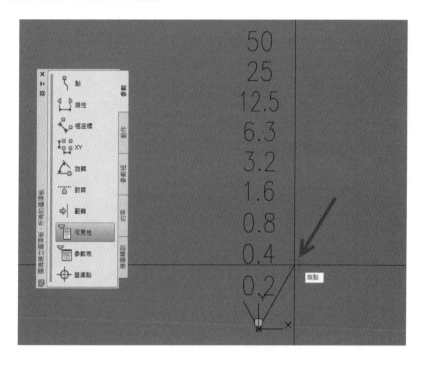

STEP 34

放置完成後會出現如下圖所示之可見性符號。

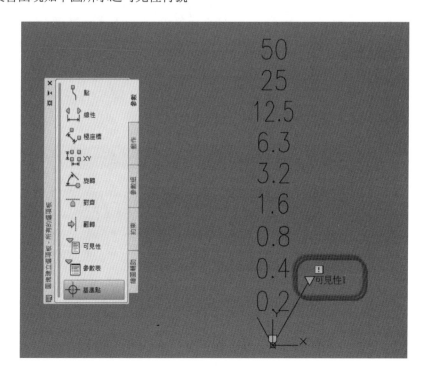

STEP 35

點選功能區上之可見性狀態按鈕。

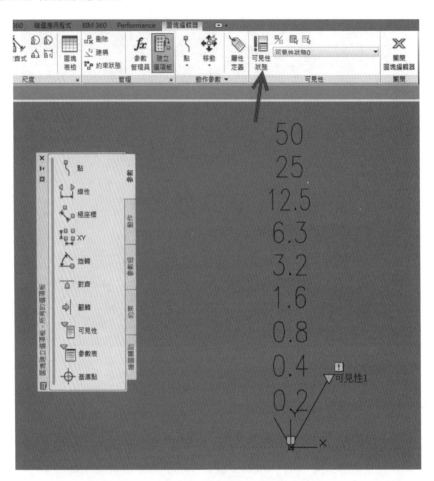

STEP 36

進入可見性狀態對話框中，選擇更名。

STEP 37

將可見性狀態 0 清單名稱更改為無，然後點選新建按鈕。

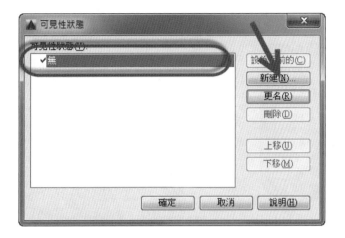

STEP 38

輸入新建清單名稱為 0.2，然後點選確定按鈕。

STEP 39

完成後請依照 Step 37 ~ Step 38 依序新建清單。

Step 40

建立完成後的清單如下圖所示，並點選確定按鈕。

Step 41

將清單切換至無項目。

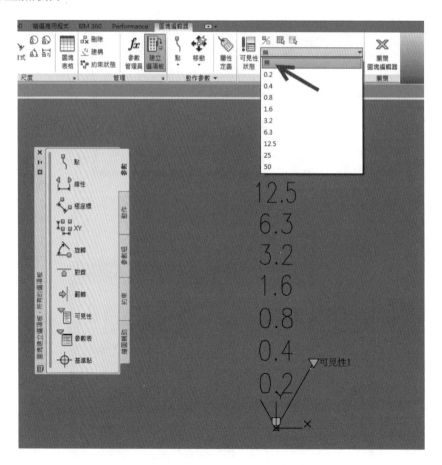

STEP 42

點選使隱藏按鈕，將下圖所圈選之物件隱藏。

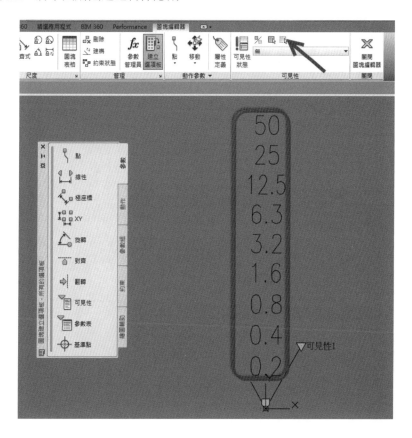

STEP 43

使用框選方式將文字選取。

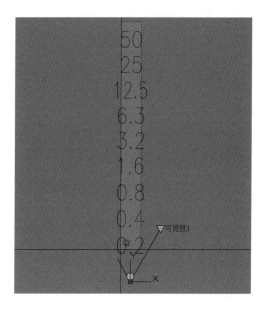

STEP 44

此時文字全部被隱藏，接這請點選顯示可見與不可見按鈕。

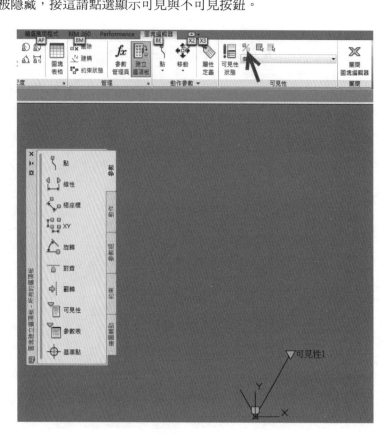

STEP 45

此時圖面上顯示已被隱藏之文字。

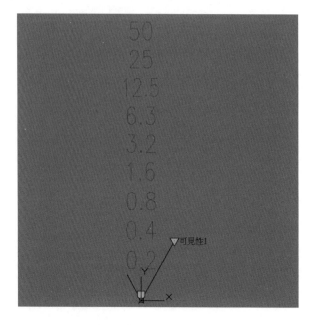

STEP 46

將清單切換至 0.2，再進行設定不可見文字。

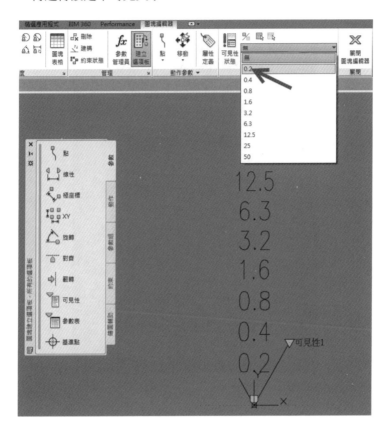

STEP 47

使用框選方式將文字選取，僅留下 0.2 不選取。

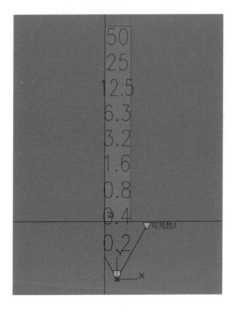

STEP 48

此時文字全部被隱藏，僅顯示 0.2，請重複 Step 46~ Step 48，依序將清單中每一個項目設定完成。

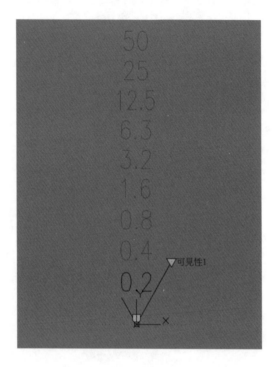

STEP 49

使用掣點將所有文字點選，以文字插入點為基點。

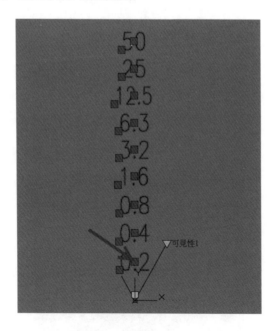

STEP 50

陸續將上方文字移至下方第一個文字插入點上。

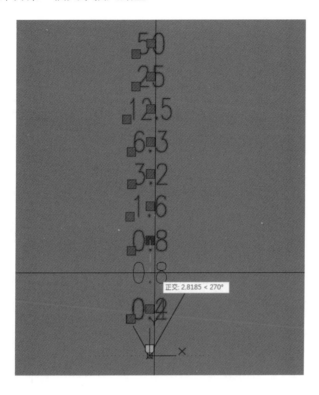

STEP 51

完成後,所有文字全部堆疊在一起。

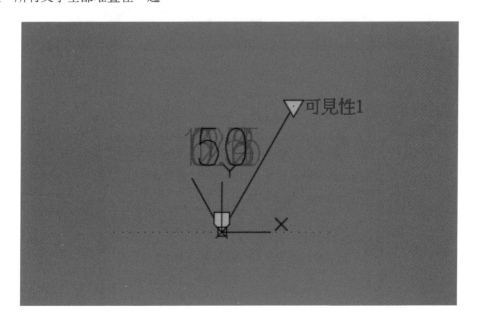

STEP 52

點選關閉圖塊編輯器。

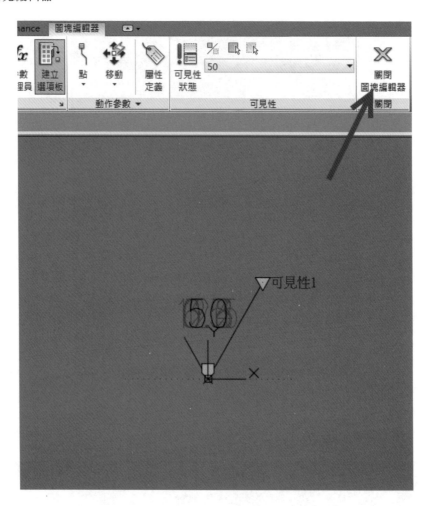

STEP 53

點選上方將儲存變更至 SR1。

STEP 54

儲存檔案後，將動態圖塊拖曳至工具選項板上，其它動態圖塊請依照相同方式分別完成。

Section 4
公差配合標註應用

零件加工時必須需要使用公差去控制製造的品質，如果零件無製造之公差，這樣將影響組裝的過程，屆時將無法組合品質不良的問題產生，如何選用及標註公差，將是本章節課程最主要的目的。

STEP 1

使用 Dimedit 指令，選擇新值（N）功能，先預設公差標註格式，再選取加註公差之尺寸。

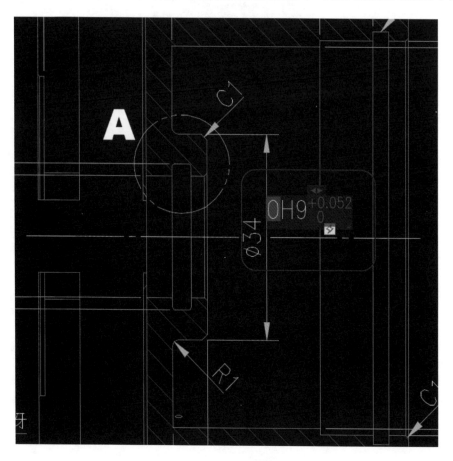

STEP 2

點選堆疊公差值部份，進入堆疊性質進行設定，設定值如下圖所示。

STEP 3

選取需要輸入公差值之尺寸，如圖所示。

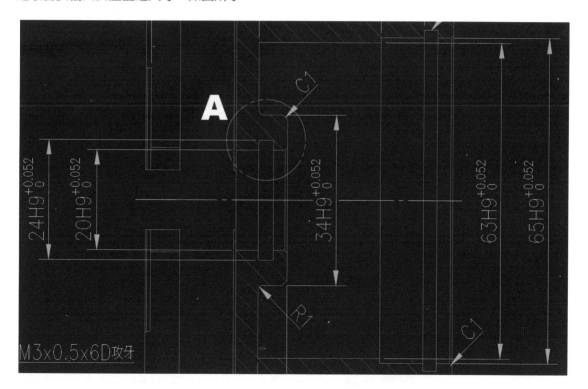

STEP 4

使用堆疊性質修改公差值，公差值需查詢軸孔配合公差表。

STEP 5

修改完成後如圖所示。

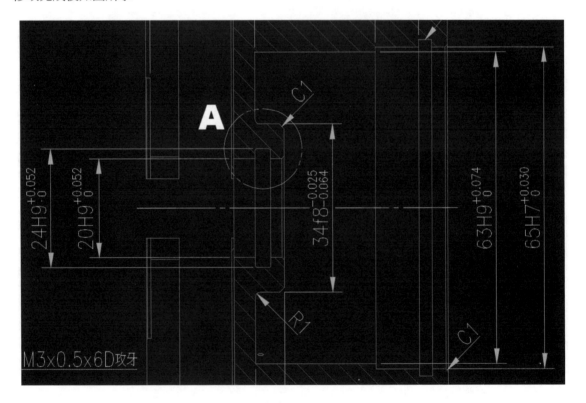

STEP 6

使用 Dimedit 指令，選擇新值（N）功能，先預設公差標註格式，再選取加註公差之尺寸。

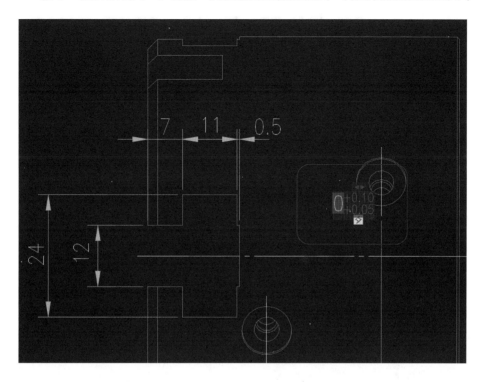

STEP 7

點選堆疊公差值部份，進入堆疊性質進行設定，設定值如下圖所示。

Section 5
表面加工及幾何公差標註應用

表面加工符號標註，主要是要控制加工時零件表面的粗細度，也影響到機械的加工精度，進而影響幾何公差的選用。表面越細緻代表加工成本會越來越高，幾何公差主要是控制組裝時的形狀公差、方向公差、定位公差及偏轉度公差，本章節將介紹表面加工及幾何公差之標註。

5-1 範例一之表面加工及幾何公差標註

STEP 1

在視圖氣壓缸內徑進行表面加工標註，必須參考迫緊廠商提供之表面粗度值，以配合迫緊的運作需求。

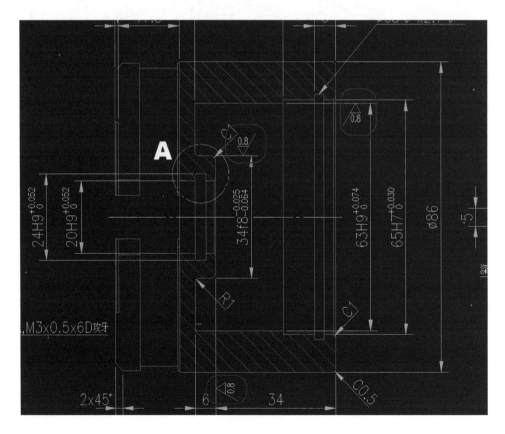

STEP 2

A 部詳圖進行表面加工符號標註，此處使用迫緊，安裝槽必須依照廠商建議之表面粗度值進行標
註。

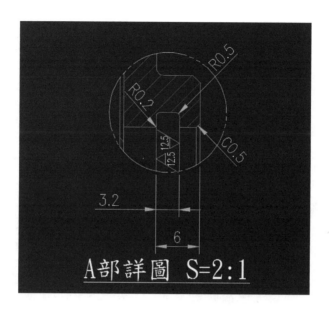

STEP 3

氣壓缸本體外部之表面粗度標註。

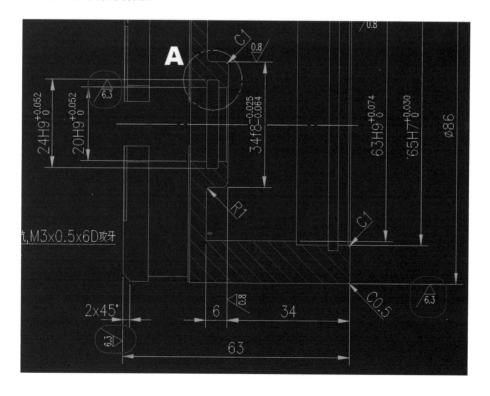

STEP 4

整體表面度值標註，非刮號中的表面粗度值為圖面中未標示部份之表面粗度值，下方為表面處理方式註解。

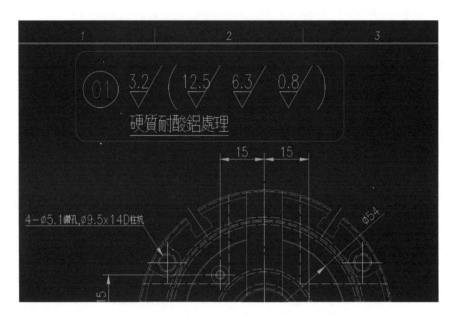

STEP 5

氣壓缸本體必須控制軸心與導槽之形狀公差，以軸心為基準，導槽必須保持加工時的垂直度在 0.03 mm 範圍內。

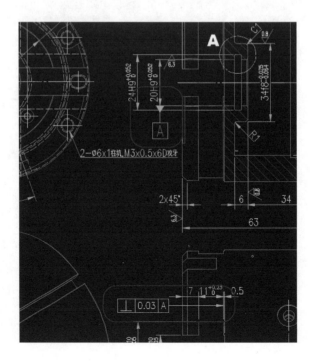

5-2 範例二之表面加工及幾何公差標註

在剖面視圖活塞內徑進行表面加工符號標註，必須參考迫緊廠商提供之表面粗度值，以配合迫緊
的運作需求。

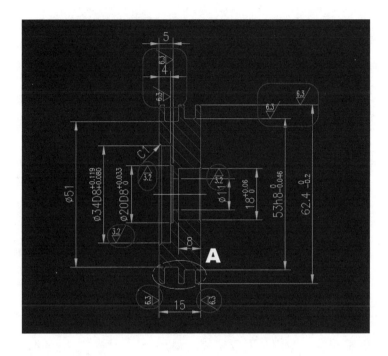

整體表面度值標註，非括號中的表面粗度值為圖面中未標示部份之表面粗度值，下方為表面處理
方式註解。

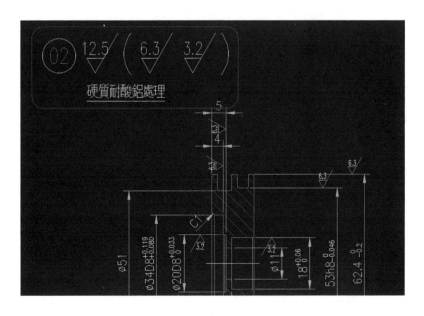

STEP 5

活塞必須控制軸心與導槽之形狀公差，以軸心為基準，導槽必須保持加工時的垂直度在 0.05 mm
範圍內，活塞加工時必須調頭，必須控制孔與基準之間的同心度，同心度在直徑 0.02 mm 範圍
內。

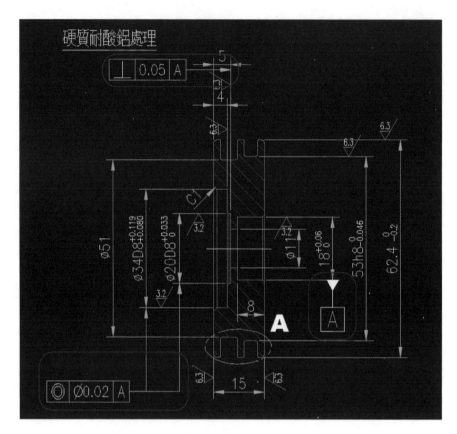

5-3 範例三之表面加工及幾何公差標註

STEP 1

整體表面粗度值標註,右方為表面處理方式
註解。

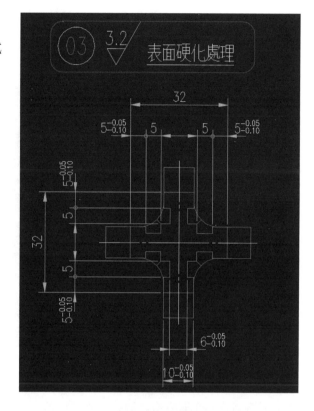

STEP 2

凸輪必須控制軸心與導槽之形狀公差,以軸
心為基準,導槽必須保持加工時的傾斜度在
0.02 mm 範圍內。

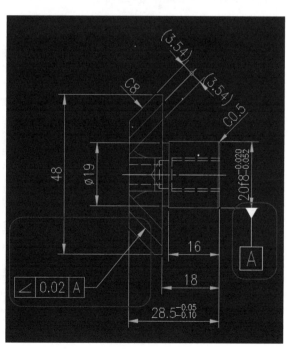

5-4 範例四之表面加工及幾何公差標註

STEP 1

整體表面粗度值標註，右方為表面處理方式註解。

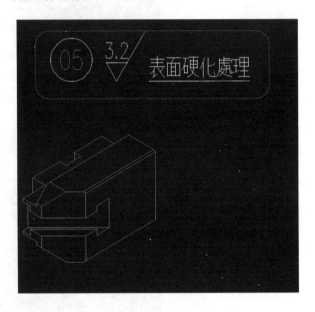

STEP 2

夾必須控制基準面與導槽之形狀公差，以基準面為基準，導槽必須保持加工時的傾斜度在 0.02 mm 範圍內。

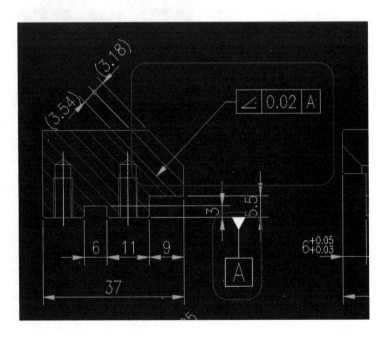

5-5　範例五之表面加工標註

在剖面視圖活塞螺栓進行表面加工符號標註，必須參考 O 型環廠商提供之表面粗度值，以配合迫緊 O 型環的固定需求。

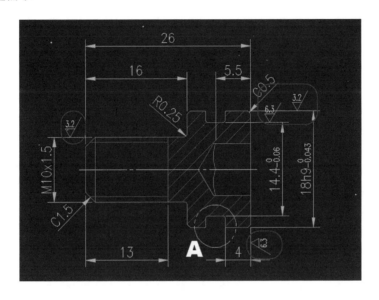

整體表面度值標註，非括號中的表面粗度值為圖面中未標示部份之表面粗度值。

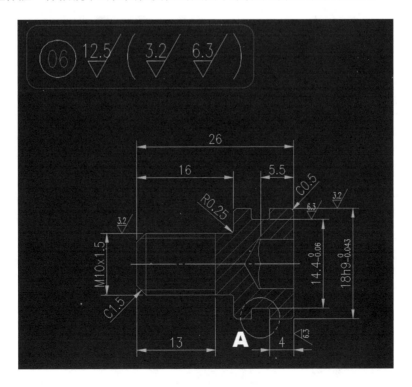

幾何公差值查詢表

垂直度、傾斜度												
加工長度 mm	IT 公差等級 (μm)											
	1	2	3	4	5	6	7	8	9	10	11	12
<=10	0.4	0.8	1.5	3	5	8	12	20	30	50	80	120
>10~16	0.5	1	2	4	6	10	15	25	40	60	100	150
>16~25	0.6	1.2	2.5	5	8	12	20	30	50	80	120	200
>25~40	0.8	1.5	3	6	10	15	25	40	60	100	150	250
>40~63	1	2	4	8	12	20	30	50	80	120	200	300
>63~100	1.2	2.5	5	10	15	25	40	60	100	150	250	400
>100~160	1.5	3	6	12	20	30	50	80	120	200	300	500
>160~250	2	4	8	15	25	40	60	100	150	250	400	600
>250~400	2.5	5	10	20	30	50	80	120	200	300	500	800
>400~630	3	6	12	25	40	60	100	150	250	400	600	1000
>630~1000	4	8	15	30	50	80	120	200	300	500	800	1200
>1000~1600	5	10	20	40	60	100	150	250	400	600	1000	1500
>1600~2500	6	12	25	50	80	120	200	300	500	800	1200	2000

加工方式			1	2	3	4	5	6	7	8	9	10	11	12
軸線對軸線	車	粗										■	■	
		細								■	■	■		
	鑽											■	■	■
	車銑搪	細								■	■	■		
		精						■	■	■				
	搪床	粗								■	■	■		
		細							■	■				
		精				■	■	■						
	磨	粗								■				
		細				■	■	■	■					
平面對平面	刨	粗								■	■	■	■	
		細							■	■	■			
		精						■						
	銑	粗								■	■	■	■	
		細						■	■	■				
	插	粗								■				
		細							■					
	磨	粗						■	■	■				
		細			■	■								
	刮					■	■	■	■					
	研磨				■	■	■							

粗：Ra =8.0~25，細：Ra =2.0~6.3，精：Ra =0.25~1.6

平行度												
加工長度 mm	IT 公差等級 (μm)											
	1	2	3	4	5	6	7	8	9	10	11	12
<=10	0.4	0.8	1.5	3	5	8	12	20	30	50	80	120
>10~16	0.5	1	2	4	6	10	15	25	40	60	100	150
>16~25	0.6	1.2	2.5	5	8	12	20	30	50	80	120	200
>25~40	0.8	1.5	3	6	10	15	25	40	60	100	150	250
>40~63	1	2	4	8	12	20	30	50	80	120	200	300
>63~100	1.2	2.5	5	10	15	25	40	60	100	150	250	400
>100~160	1.5	3	6	12	20	30	50	80	120	200	300	500
>160~250	2	4	8	15	25	40	60	100	150	250	400	600
>250~400	2.5	5	10	20	30	50	80	120	200	300	500	800
>400~630	3	6	12	25	40	60	100	150	250	400	600	1000
>630~1000	4	8	15	30	50	80	120	200	300	500	800	1200
>1000~1600	5	10	20	40	60	100	150	250	400	600	1000	1500
>1600~2500	6	12	25	50	80	120	200	300	500	800	1200	2000

加工方式			1	2	3	4	5	6	7	8	9	10	11	12
軸線對軸線	車	粗										■	■	
		細							■	■	■	■		
	鑽										■	■		
	搪	粗									■	■		
		細								■				
		精						■	■					
	磨							■	■	■				
	搪孔						■	■	■					
平面對平面	刨	粗								■	■	■		
		細							■	■	■			
	銑	粗							■	■	■	■		
		細						■	■	■				
	拉								■	■	■			
	磨	粗						■	■	■	■			
		細					■	■	■					
		精		■	■									
	刮	粗						■	■					
		細				■	■							
		精	■	■										
	研磨		■	■	■	■								
	超精研磨		■	■										

粗 : Ra =8.0~25，細 : Ra =2.0~6.3，精 : Ra =0.25~1.6

真圓度、圓柱度

加工長度 mm	IT 公差等級 (μm)											
	1	2	3	4	5	6	7	8	9	10	11	12
<=3	0.2	0.3	0.5	0.8	1.2	2	3	4	6	10	14	25
>3~6	0.2	0.4	0.6	1	1.5	2.5	4	5	8	12	18	30
>6~10	0.25	0.4	0.6	1	1.5	2.5	4	6	9	15	22	36
>10~18	0.25	0.5	0.8	1.2	2	3	5	8	11	18	27	43
>18~30	0.3	0.6	1	1.5	2.5	4	6	9	13	21	33	52
>30~50	0.4	0.6	1	1.5	2.5	4	7	11	16	25	39	62
>50~80	0.5	0.8	1.2	2	3	5	8	13	19	30	46	74
>80~120	0.6	1	1.5	2.5	4	6	10	15	22	35	54	87
>120~180	1	1.2	2	3.5	5	8	12	18	25	40	63	100
>180~250	1.2	2	3	4.5	7	10	14	20	29	46	72	115
>250~315	1.6	2.5	4	6	8	12	16	23	32	52	81	130
>315~400	2	3	5	7	9	13	18	25	36	57	89	140
>400~500	2.5	4	6	8	10	15	20	27	40	63	97	155

加工方式			1	2	3	4	5	6	7	8	9	10	11	12
軸	普通立車	粗						■	■	■	■	■		
		細				■		■	■	■				
	半自動車	粗								■	■			
		細							■	■				
	自動車	細							■	■				
		精					■	■						
	外圓磨	粗						■	■	■				
		細			■	■	■							
		精	■	■						■	■	■		
	研磨			■	■	■	■							
	精磨		■	■										
孔	鑽	細									■			
		精						■	■					
	搪	粗								■	■	■		
		細					■	■	■					
		精				■	■							
	鉸、擴							■	■	■				
	內圓磨	粗					■	■						
		細				■	■							
	研磨	細					■	■						
		精	■	■	■	■								

粗：Ra =8.0~25，細：Ra =2.0~6.3，精：Ra =0.25~1.6

真直度、平面度												
加工長度 mm	IT 公差等級 (μm)											
	1	2	3	4	5	6	7	8	9	10	11	12
<=10	0.2	0.4	0.8	1.2	2	3	5	8	12	20	30	60
>10~16	0.25	0.5	1	1.5	2.5	4	6	10	15	25	40	80
>16~25	0.3	0.6	1.2	2	3	5	8	12	20	30	50	100
>25~40	0.4	0.8	1.5	2.5	4	6	10	15	25	40	60	120
>40~63	0.5	1	2	3	5	8	12	20	30	50	80	150
>63~100	0.6	1.2	2.5	4	6	10	15	25	40	60	100	200
>100~160	0.8	1.5	3	5	8	12	20	30	50	80	120	250
>160~250	1	2	4	6	10	15	25	40	60	100	150	300
>250~400	1.2	2.5	5	8	12	20	30	50	80	120	200	400
>400~630	1.5	3	6	10	15	25	40	60	100	150	250	500
>630~1000	2	4	8	12	20	30	50	80	120	200	300	600
>1000~1600	2.5	5	10	15	25	40	60	100	150	250	400	800
>1600~2500	3	6	12	20	30	50	80	120	200	300	500	1000
加工方式	1	2	3	4	5	6	7	8	9	10	11	12
刨 粗									■	■		
刨 細						■	■	■				
插 粗									■	■		
插 細								■	■			
銑 粗									■	■		
銑 細							■	■				
銑 精						■	■					
自動車 粗									■	■	■	
半自動車 細								■				
普車 粗									■	■	■	
普車 細						■	■	■				
平面磨 粗							■	■	■			
平面磨 細					■	■	■					
平面磨 精			■	■								
外圓磨 細				■	■							
外圓磨 精			■									
內圓磨 粗							■	■				
內圓磨 細						■						
內圓磨 精					■							
研磨	■	■	■	■								
超精研磨	■	■										

粗：Ra =8.0~25，細：Ra =2.0~6.3，精：Ra =0.25~1.6

同心度、對稱度、偏擺度、總偏擺度												
加工長度 mm	IT 公差等級 (μm)											
	1	2	3	4	5	6	7	8	9	10	11	12
<=1	0.4	0.6	1	1.5	2.5	4	6	10	15	25	40	60
>1~3	0.4	0.6	1	1.5	2.5	4	6	10	20	40	60	120
>3~6	0.5	0.8	1.2	2	3	5	8	12	25	50	80	150
>6~10	0.6	1	1.5	2.5	4	6	10	15	30	60	100	200
>10~18	0.8	1.2	2	3	5	8	12	20	40	80	120	250
>18~30	1	1.5	2.5	4	6	10	15	25	50	100	150	300
>30~50	1.2	2	3	5	8	12	20	30	60	120	200	400
>50~120	1.5	2.5	4	6	10	15	25	40	80	150	250	500
>120~250	2	3	5	8	12	20	30	50	100	200	300	600
>250~500	2.5	4	6	10	15	25	40	60	120	250	400	800
>500~800	3	5	8	12	20	30	50	80	150	300	500	1000
>800~1250	4	6	10	15	25	40	60	100	200	400	600	1200
>1250~2000	5	8	12	30	30	50	80	120	250	500	800	1500
加工方式	1	2	3	4	5	6	7	8	9	10	11	12
車 粗								■	■	■		
車 細							■	■				
車 精						■	■	■				
磨 粗							■	■				
磨 細					■	■						
磨 精	■	■	■	■								
搪				■	■	■	■					
搪磨		■	■	■								
鉸						■	■					
內圓研磨				■	■	■						
研磨	■	■	■	■								
刮		■	■	■	■							
粗：Ra =8.0~25，細：Ra =2.0~6.3，精：Ra =0.25~1.6												